VERKSTATTBÜCHER

FÜR BETRIEBSANGESTELLTE, KONSTRUKTEURE UND FACHARBEITER. HERAUSGEGEBEN VON DR.-ING. H. HAAKE, HAMBURG

Jedes Heft 50—70 Seiten stark, mit zahlreichen Textabbildungen

Die Werkstattbücher behandeln das Gesamtgebiet der Werkstattstechnik in kurzen selbständigen Einzeldarstellungen: anerkannte Fachleute und tüchtige Praktiker bieten hier das Beste aus ihrem Arbeitsfeld, um ihre Fachgenossen schnell und gründlich in die Betriebspraxis einzuführen.

Die Werkstattbücher stehen wissenschaftlich und betriebstechnisch auf der Höhe, sind dabei aber im besten Sinne gemeinverständlich, so daß alle im Betrieb und auch im Büro Tätigen, vom vorwärtsstrebenden Facharbeiter bis zum leitenden Ingenieur, Nutzen aus ihnen ziehen können.

Indem die Sammlung so den Einzelnen zu fördern sucht, wird sie dem Betrieb als Ganzem nutzen und damit auch der deutschen technischen Arbeit im Wettbewerb der Völker.

Einteilung der bisher erschienenen Hefte nach Fachgebieten

(Fortsetzung 3. Umschlagseite)

WERKSTATTBÜCHER

FÜR BETRIEBSANGESTELLTE, KONSTRUKTEURE UND FACH-
ARBEITER. HERAUSGEBER DR.-ING. H. HAAKE, HAMBURG

HEFT 69

Elektrowärme in der Eisen- und Metallindustrie

Von

Dipl.-Ing. O. Wundram VDI, VDE

Hamburg

Zweite Auflage
(7. bis 12. Tausend)

Mit 90 Abbildungen

Springer-Verlag

Berlin / Göttingen / Heidelberg

1952

ISBN-13: 978-3-540-01664-9   e-ISBN-13: 978-3-642-86563-3
DOI: 10.1007/978-3-642-86563-3

Inhaltsverzeichnis.

Anmerkung: Bei vielen Abbildungen sind die Herstellerfirmen mit folgenden Abkürzungen wiedergegeben: *AEG.* = Allgem. Elektrizitätsgesellschaft; *BBC.* = Brown, Boveri & Co., Mannheim; *Junker* = O. Junker, Gevelsberg; *SSW.* = Siemens-Schuckert-Werke; *SuH.* = Siemens u. Halske.

Vorwort.

Die Verwertung elektrisch erzeugter Wärme hat erst nach dem 1. Weltkriege und besonders im letzten Jahrzehnt eine rasche Zunahme erfahren, zuerst in der Industrie, sodann in Haushalt und Gewerbe. Eine gesunde Strompreispolitik, eine Verbesserung und Verbilligung der Elektrowärmegeräte und vor allem die verbreitete Erkenntnis der Vorteile in der Elektrowärmeverwertung mußten erst zahlreiche Vorurteile ausräumen, ehe die Edelwärme des elektrischen Stromes siegreich Anerkennung fand, die sich darin ausdrückt, daß im Jahre 1937 bereits rund 8 Milliarden Kilowattstunden an Wärmestrom in Deutschland verbraucht wurden, eine Zahl, die sich 1951 mehr als verdoppelt hat. Zeitschriften und Forschungsinstitute befassen sich dauernd mit den Neuerungen auf dem Gebiet der Elektrowärme, Ausstellungen und Bücher geben von Zeit zu Zeit Kunde von den Errungenschaften, trotzdem schien die Behandlung eines bestimmten Elektrowärmegebietes in den Werkstattbüchern nicht unnötig zu sein, um den Werkstattmann mit der Bau- und Betriebsweise und dem Verwendungszweck der Geräte für die elektrische Warmbehandlung von Eisen und Metallen bekannt zu machen. In der 2. Auflage[1] sind alle Abschnitte überarbeitet und auf den neuesten Stand der Technik gebracht worden.

I. Theoretische Grundlagen der Elektrowärmeerzeugung.

A. Wärme.

1. Grundbegriffe. Wärme ist eine Energieform, die wie das Licht den menschlichen Sinnen unmittelbar wahrnehmbar ist. Mit ihrer Hilfe können die meisten der den Menschen nützlichen Leistungen und Güter gewonnen werden. Wärme ist nichtstofflicher Art, wir stellen sie uns als eine Schwingung der kleinsten Teile, der Moleküle, vor. Man hat bei der Wärme die beiden Hauptmaße *Wärmegrad*, meist Temperatur genannt, und *Wärmemenge* zu unterscheiden. Technisch-wissenschaftlich wird die Temperatur in Zentigraden nach CELSIUS, einem schwedischen Forscher, gemessen, welcher den Wärmeunterschied zwischen schmelzendem Eis und siedendem Wasser in 100 gleiche Teile zerlegte. Wärmemenge ist derjenige Betrag an Wärmeenergie, der einem Körper zugefügt oder entnommen werden muß, um ihn auf eine bestimmte Temperatur zu bringen. Die Wärmemenge wird praktisch in Kilogrammkalorien (kcal), seltener Wärmeeinheit (WE) genannt, gemessen; 1 kcal ist die Wärmemenge, die einem Liter Wasser zugeführt werden muß, um es von 15 auf 16° C zu erwärmen. Jeder Körper bedarf einer anderen Wärmemenge, um seine Temperatur um 1° C zu erhöhen. Diese Menge heißt *spezifische Wärme*, sie wird durch die Zahl der kcal ausgedrückt, die nötig sind, um ein Kilogramm des betreffenden Körpers um 1° C zu erwärmen. Sie ist beim Wasser gleich 1; die meisten Körper, besonders die Metalle, haben eine viel geringere spezifische Wärme. Für die Wärmeverwertung ist die Art und Weise wichtig, in der die Wärme von einem Körper auf einen anderen oder von einem Teil auf einen anderen Teil desselben Körpers übertragen wird. Die Übertragung geschieht entweder durch *Strahlung* (z. B. der Sonnenwärme auf die Erde), durch *Leitung* (Holz leitet Wärme weniger gut als Metall) oder durch Wärmeaustausch (sog. *Konvektion*) von Gasen und Flüssigkeiten.

---

[1] Die 1. Auflage ist 1939 erschienen.

2. Die Wärmeleitfähigkeit der Körper ist sehr verschieden; es gibt Körper, die Wärme so wenig gut fortleiten, daß sie geradezu als Schutz gegen das Abströmen der Wärme benutzt werden (z. B. Glaswolle, Kieselgur). Man unterscheidet eine *innere* und eine *äußere* Wärmeleitfähigkeit. Die innere wird gemessen durch die Anzahl Kalorien, welche in der Zeiteinheit (1 h) durch 1 m² einer 1 m dicken Platte des zu messenden Körpers hindurchgehen, wenn zwischen beiden Plattenseiten ein Temperaturunterschied von 1° C herrscht, die äußere durch die Anzahl WE, welche in der Zeiteinheit von 1 m² Oberfläche bei 1° C Temperaturüberschuß abgestrahlt oder abgeleitet werden.

3. Wärmeaufnahmefähigkeit eines Körpers (auch Wärmekapazität genannt) ist diejenige Menge an Kalorien, welche er aufnimmt, um eine bestimmte Temperatur zu erreichen; sie ist der Masse und der spezifischen Wärme des Körpers verhältnisgleich. Durch die besondere Werkstoffwahl hinsichtlich dieser beiden Größen wird von diesem Verhalten bei der Wärmespeicherung Gebrauch gemacht. Oft ist die Wärmespeicherung aber auch ein unerwünschter Zustand, z. B. bei den Elektrowärmegeräten zum Schmelzen und Glühen.

Da die Wärme eine der Energieformen ist, wie sie auch in der mechanischen Arbeit und der Elektrizität erblickt werden müssen, so liegt es auf der Hand, daß zwischen ihnen zahlenmäßige Beziehungen vorhanden sind. Man unterscheidet im Zusammenhang der Beziehungen zwischen Wärme einerseits und mechanischer oder elektrischer Energie andererseits das *mechanische* oder *elektrische Wärmeäquivalent*, dessen zahlenmäßige Größen wir im nächsten Hauptabschnitt kennenlernen werden. Zum Schluß unseres kurzen Rückblicks auf die Wärmelehre erinnern wir noch daran, daß die Wärme jeden Körper, ob fest, flüssig oder gasförmig, in verschiedenem Maße ausdehnt; einige Beiwerte für die *Wärmeausdehnung* wie für andere wichtige in diesem Büchlein behandelte Größen sind in Tab. 1 genannt.

Tabelle 1. *Zusammenstellung von spezifischem (Raum-) Gewicht in kg/dm³, spezifischer Wärme in kcal/kg° C und Ausdehnungsbeiwert in mm für 1 m Länge und 100° C Temperaturerhöhung.*

Stoff	Raumgewicht	spezif. Warme	Ausdehnung[1]
Stahl	7,9	0,12	1,2
Chromnickel	8,7	0,12	1,1
Aluminium	2,6	0,22	2,3
Kohle.	2,1	0,2 ⋯ 0,3	2,5
Schamotte	2,0	0,24	0,9
Isolierpulver	0,2	0,22	—

Wärmeleitzahlen, auf Meter und Stunde bezogen, sind aus der Abb. 34 zu entnehmen.

B. Elektrizität.

4. Grundbegriffe und Formelzeichen. Der elektrische Strom ist ähnlich wie die Wärme eine der Formen, in der wir die Energie kennen und ausnutzen. Er läßt sich leicht in andere Energieformen, wie Licht, Magnetismus, chemische und mechanische Kraft, besonders leicht aber in Wärme umsetzen. Diese Umsetzung geht uns an dieser Stelle hauptsächlich an, denn sie ist die Grundlage der Elektrowärmeerzeugung. Um die zwischen Strom und Wärme bestehenden rechnerischen Beziehungen kennenzulernen, müssen wir uns mit den wichtigsten Größen aus der Elektrizitätslehre und ihren Zusammenhängen bekannt machen. Wir stellen uns den elektrischen Strom als eine fließende Menge kleinster Elektrizitätsteilchen, der sog. *Elektronen*, vor. Gleichwie eine Wassermenge nur durch einen Druck- oder Höhenunterschied zum Fließen kommt, fließt ein elektrischer Strom in einer Lei-

---

[1] Der Ausdehnungsbeiwert wächst mit zunehmender Temperatur.

tung nur dann, wenn zwischen zwei Punkten dieser Leitung ein Unterschied in der elektrischen *Spannung* herrscht. Diese wird mit einem Maß gemessen, das man *Volt* nennt, während das Maß für die *Stromstärke Ampere* heißt. Wie bei der Ausnützung des strömenden Wassers in Turbinen oder Wasserrädern für die zu erzielende Leistung die Wassermenge und ihr Druck (Gefälle) maßgebend sind, so ergibt sich auch die elektrische Leistung aus Stromstärke und Spannung. Das Maß für die *Leistung* ist das Produkt Volt mal Ampere, Voltampere oder häufiger noch *Watt* genannt. Die über eine gewisse Zeit abgegebene Leistung stellt die *Arbeit* dar, elektrisch gemessen in Wattsekunden oder, weil dieses kleine Maß praktisch zu große Zahlen ergeben würde, in *Kilowattstunden* (kWh). Die für unsere Betrachtung wichtigste elektrische Größe ist die des *Widerstandes.* Der Widerstand ist überall da, wo er auftritt in elektrischen Stromkreisen, gewollt oder ungewollt der Grund zur Umwandlung der elektrischen Energie in Wärme. Er ist in dieser Hinsicht vergleichbar mit der Reibung in der Mechanik, die auch eine Quelle der Wärmeerzeugung bildet. Der elektrische Widerstand ist in seiner Größe abhängig von der Art, der Länge und dem Querschnitt des von ihm durchströmten Leiters, er wird mit einem Maß gemessen, das dem deutschen Physiker OHM zu Ehren so genannt wird.

Alle bislang erwähnten elektrischen Größen, wie Spannung, Stromstärke, Leistung, Arbeit, Widerstand und die noch später zu behandelnden der Frequenz, Selbstinduktion und Kapazität, deren Maßeinheiten sämtlich nach den Namen berühmter Physiker und Forscher benannt sind, werden abgeleitet von den in der Physik und Technik festgesetzten Maßen der Grundbegriffe Raum, Masse und Zeit. Sie beruhen nach Übereinkunft auf dem sog. Zentimeter-Gramm-Sekunden-System. Ihre Ableitung daraus würde den Rahmen dieses Büchleins sprengen. Immerhin wollen wir zum wenigsten die rechnerischen Beziehungen zwischen elektrischer und mechanischer Arbeit und Wärme, die sog. Äquivalente (vom Lateinischen aequus gleich, valere gelten), klarlegen. Zu diesem Behufe müssen wir die einfachsten Gesetze der Elektrizitätslehre ins Gedächtnis zurückrufen. Die in den Formeln verwendeten Größen sind durch Formelzeichen wiedergegeben, die nebst den dazugehörigen Maßeinheiten in der Tabelle 2 zusammengestellt sind.

Tabelle 2. *Zusammenstellung der Formelzeichen und Maßeinheiten.*

Größe	Formel-zeichen	Maßeinheit und Abkürzung
Spannung	U	Volt (V)
Stromstärke	J	Ampere (A)
Widerstand	R	Ohm (Ω)
Spezifischer Widerstand .	ϱ	Ohm je m/mm² (Ω)
Selbstinduktion	L	Henry (H)
Kapazität	C	Farad (F)
Leistung	N	Watt (W), Kilowatt (kW)
Leistungsfaktor	$\cos \varphi$	unbenannte Zahl
Zeit.	t	Sekunde (s), Stunde (h)
Frequenz	n	Hertz (Hz), Perioden/Sekunde
Arbeit.	A	Wattsekunde oder Joule (Ws), Kilowattstunde (kWh)
Wärmegrad	t	Celsiusgrad (°C)
Wärmemenge	Q	Kilogrammkalorie (kcal) (WE)
Wärmeleitzahl	γ	unbenannte Zahl (vgl. Abschn. 2)
Spezifische Wärme . .	c	Kilogrammkalorie/kg °C (kcal/kg °C)
Querschnitt	q	Quadratmillimeter (mm²)
Länge.	l	Meter (m)
Masse	m	technisch durch Gewichtseinheiten wiedergegeben, wie Gramm (g), Kilogramm (kg), Tonne (t)
Wirkungsgrad	η	Hundertstel (v. H. oder %)

5. Elektrische Grundgesetze. a) *Spannung (U), Widerstand (R), Strom (J).*

$$J = U/R \text{ in Ampere oder } U = JR \text{ in Volt (Оhmsches Gesetz)} \qquad (1)$$

besagt, daß die Stromstärke in einem Leiter mit der ihm aufgedrückten Spannung steigt und mit seinem Widerstand sinkt.

b) *Leistung (N), Arbeit (A), Wärme (Q)* haben folgende Beziehungen zueinander. Zunächst ist $N = UJ$ in Watt und $A = Nt = UJt$ in Wattstunden, worin t die Zeit in Stunden bedeutet. Folglich, da $U = JR$,

$$A = JRJt = J^2Rt \text{ in Wattstunden.} \qquad (2)$$

Dieser Ausdruck für die elektrische Arbeit steht in einem festen Verhältnis zur mechanischen Arbeit und Wärme. ROB. MAYER hatte 1842 festgestellt, daß die mechanische Arbeit einer ganz bestimmten Wärmemenge entsprach. (*Mechanisches Wärmeäquivalent.*). Das Maß dieser Beziehung wurde später genauer ermittelt: 1 kcal ist gleichzusetzen 427 mkg. Das praktische Einheitsmaß der mechanischen Leistung 1 PS entspricht 75 mkg/s und damit das Maß der Pferdekraftstunde 270 000 mkg (nämlich 75 mkg /s · 3600 s). Elektrisch gemessen ist eine Pferdestärke = 736 Watt und eine Pferdekraftstunde (736 Wattstunden) = 0,736 kWh, also eine Kilowattstunde = 1,36 PSh. Damit ist der Zusammenhang von elektrischer und mechanischer Arbeit mit der Wärme wie folgt gegeben:

$$1 \text{ kWh} = 1,36 \text{ PSh}, \quad 1 \text{ PSh} = 270\,000 \text{ mkg}$$
$$1 \text{ kWh} = 367\,200 \text{ mkg}, \quad 1 \text{ kcal} = 427 \text{ mkg}$$
$$\textbf{1 kWh} = 367\,200/427 = \textbf{860 kcal.}$$

Somit ist das für die Verwertung der Elektrowärme so wichtige *elektrische Wärmeäquivalent* gefunden. Die elektrische Arbeit ist also verhältnisgleich der Wärme, wobei das Zahlenmäßige dieses Verhältnisses mit einem Beiwert $c = 860$ ausgedrückt wird:

$$Q = cA/1000 = 0,86\,J^2Rt \text{ in kcal (JOULEsches Gesetz).} \qquad (3)$$

Sind in einem elektrischen Wärmeerzeuger die Maße für die Größen J (Stromstärke in Ampere) und R (Widerstand des Heizleiters in Ohm) bekannt, so kann daraus die zu erwartende Wärmemenge Q in kcal errechnet werden. Hat z.B. in einem elektrischen Glühofen der Chromnickelheizdraht bei einem Widerstand von 19 Ohm eine Belastung von 20 Ampere, so liefert der Ofen in einstündigem Betrieb 6536 kcal. Das ist die theoretische Leistung unter der Voraussetzung, daß keine Wärmeverluste auftreten; in der Wirklichkeit ist natürlich die Nutzwärme nie gleich dem theoretisch errechneten Betrage, sondern nur einem mehr oder minder großen Bruchteil davon. Das Verhältnis des in der elektrischen Ofenleistung nutzbar verwendbaren Wärmebetrages zu dem aufgewendeten wird mit dem Begriff *Wirkungsgrad (η)* bezeichnet. Die Wirkungsgrade der Elektrowärmeverwertung liegen etwa zwischen 50 und 90%.

6. Die Widerstandsgröße eines bestimmten, vom Strom durchflossenen Leiters berechnet man nach der Formel

$$R = \varrho l/q, \qquad (4)$$

wobei ϱ den *spezifischen Widerstand* des Leiterstoffes darstellt, d. h. den Widerstand, der sich bei einer Länge $l = 1$ m und einem Querschnitt $q = 1$ mm² ergibt. Dieser kennzeichnende spezifische Widerstand ist bei allen Stoffen sehr verschieden; vgl. hierzu die Tab. 3 (S. 20). Der z. B. oben erwähnte Heizdraht aus einer Chromnickellegierung hat etwa einen spezifischen Widerstand von 1,1 Ohm; sein Gesamtwiderstand muß nach der verlangten Ofenleistung 19 Ohm sein, man kann dann nach der Formel (4) Länge oder Querschnitt bestimmen. In der Wahl des Querschnittes ist man nicht ganz frei, da bei Unterschreitung eines gewissen Mindestquerschnittes die Strombelastung des Leiters zu hoch wird und er abschmilzt bzw. verdampft. Es muß also bei der einmal vorhandenen äußeren Wärmeleitfähigkeit des Leiterstoffes die Strombelastung so begrenzt sein, daß bei gleichmäßiger Wärmeaufnahme und Abgabe die Temperatur des Leiters nicht höher steigt, als er ohne Schaden dauernd ertragen kann. Man wird ihm bei 20 Ampere Dauerbelastung einen Querschnitt von etwa 1,5 mm² geben müssen. Dann wird nach Formel (4)

$$l = qR/\varrho = 1,5 \cdot 19/1,1 = 25,8 \text{ m}.$$

Der Draht muß also rund 26 m lang werden, um die aufgenommene elektrische Energie unter praktischen Verhältnissen in die gewünschte Wärmemenge umzusetzen. Nicht immer sind die Widerstandsberechnungen so einfach wie bei metallischen Drahtleitern, da auch nichtmetallische und flüssige Heizleiter mit ungleichmäßigen Widerständen in der Technik vorkommen. Ebenfalls ist die rechnungsmäßige Erfassung der Wärmeabgabe bei den Elektrowärmegeräten nicht ganz leicht.

Der elektrische Leitwiderstand ist schlechthin keine unveränderliche Größe, er ist stark abhängig von der Temperatur der Stoffe. Bei den meisten Metallen nimmt der Widerstand mit ihrer Temperatur zu, bei Kohle und einigen Metallsalzen dagegen mit steigender Temperatur stark ab. Die Zahl, die die Widerstandserhöhung oder -erniedrigung je Grad Celsius kennzeichnet, wird positiver oder negativer *Temperaturbeiwert* (*-koeffizient*) genannt. Durch Legierung gewisser Metalle kann man allerdings die Temperaturempfindlichkeit ihres Widerstandes stark herabsetzen.

C. Erzeugung und Verteilung des Stromes.

7. Elektromagnetische Induktion. Die zur Elektrowärmeerzeugung benötigten starken Ströme werden in den *Dynamo*maschinen oder *Generatoren* erzeugt. Die physikalische Grundlage dazu ist die magnetelektrische Induktion, die ganz kurz erläutert sein möge. Läßt man durch isolierte Drahtwindungen, die einen Kern aus weichem Eisen umgeben (Abb. 1), einen Strom fließen, so entsteht in dem Eisen ein Magnetismus, es wird zu einem sog. Elektromagneten. Die Polrichtung dieses Magneten ist abhängig von der Richtung des Stromes und dem Wickelungssinn der von ihm durchflossenen Windungen. Der Magnet strahlt an seinen beiden Polen, magnetische Kräfte aus, deren Äußerungen man durch Kraftlinien versinnbildlicht, sowohl der Richtung wie auch der Stärke nach. Den von den Kraftlinien durchsetzten Luftraum nennt man magnetisches Feld, dessen Stärke durch die Anzahl der es durchflutenden Kraftlinien gemessen wird. Die Feldstärke ist abhängig von der Drahtwindungszahl des Elektromagneten und der sie durchfließenden Stromstärke (Amperewindungszahl). Bewegt man

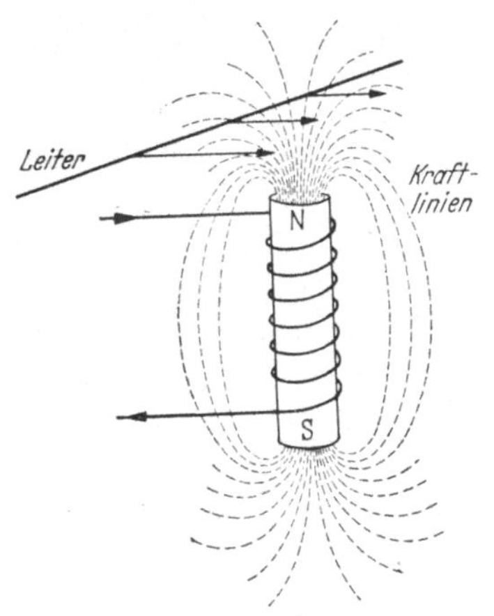

Abb. 1. Spannungserzeugung durch Kraftlinienschnitt.

durch das magnetische Feld einen metallischen Leiter hindurch, so entsteht in ihm eine elektrische Spannung, desgl., wenn man bei ruhendem Leiter das Feld verschwinden oder entstehen, schwächer oder stärker werden läßt. Die erzeugte Spannung ist um so größer, je schneller man den Leiter und je mehr hintereinandergeschaltete Leiter man durch das Feld hindurchbewegt, desgl. je größer die Feldstärkeänderungen in der Zeiteinheit sind; mit anderen Worten: die auf elektromagnetischem Wege induzierte Spannung ist verhältnisgleich der Anzahl der in der Zeiteinheit vom Leiter geschnittenen Kraftlinien. Die Richtung der Spannung wird vom Änderungssinn der Kraftlinien (Annähern, Entstehen, Stärkerwerden bzw. ihrem Gegenteil) bestimmt. Ruhende Kraftlinien erzeugen in ruhenden Leitern keine Spannungen. Die physikalische Tatsache der elektromagnetischen Induktion wird praktisch zur Stromerzeugung ausgewertet, indem man starke Elektromagneten und Drahtleitungen, die an geeigneten Tragkonstruktionen befestigt sind, rotierend aneinander vorbeibewegt. Auf diese Weise wird die mechanische Energie der Bewegung in elektrische Energie des Stromes verwandelt, wobei, wie schon erwähnt, eine Pferdestärke (PS) theoretisch einer elektrischen Leitung von 736 Watt entspricht.

8. Elektrische Maschinen. Die technische Grundanordnung der *Dynamomaschinen* und *Generatoren* ist entweder so, daß innerhalb eines Systems von ruhenden Elektromagneten (Magnetgehäuse) der Tragkörper der zu induzierenden Leitungen (Anker) in drehende Bewegung versetzt wird oder so, daß die letzteren im Gehäuse der Maschine feststehen und das Magnetsystem mit dem Magnetfeld herumgedreht wird. Die das Magnetsystem erregenden Drahtwindungen werden entweder von der Dynamomaschine selbst oder von einer fremden Stromquelle gespeist. Alle auf der elektromagnetischen Induktion beruhenden Dynamomaschinen sind in ihrer Verwendung umkehrbar, sie wirken als Stromerzeuger, wenn sie mechanisch angetrieben werden, und umgekehrt können sie mechanische Kraft abgeben (Elektromotoren), wenn man Strom in sie hineinschickt. Wegen unvermeidbarer Verluste läßt sich natürlich das elektromechanische Äquivalent nie ganz erreichen; der Wirkungsgrad der elektrischen Maschinen liegt zwischen 70···95%.

9. Gleichstrom und Wechselstrom. Man unterscheidet in der technischen Verwendung *Gleichstrom* vom *Wechselstrom*, deren Eigenheiten am besten in einer Schaulinie klar werden (Abb. 2). Auf der waagerechten Achse (Abszissenachse) sind die Zeiteinheiten, in welcher der Spannungsvorgang verläuft, eingetragen, auf der senkrechten Achse (Ordinatenachse) die Einheiten der Spannung oder auch der Stromstärke. Die Werte oberhalb der Abszissenachse, die für die elektrischen Größen als Null-Linie gilt, sind positiv und unterhalb als negativ zu betrachten. Somit kann für jeden Augenblick Stärke und Richtung für Spannung bzw. Strom in diese Schaulinie eingetragen werden. Beim regelrechten Wechselstrom durchläuft nun die Beziehung zwischen Stärke, Richtung und Zeit die Fläche in einer regelmäßigen Bogenlinie (sog. Sinuskurve) zu beiden Seiten der Null-Linie. Den Zeitbetrag, den Strom oder Spannung benötigen, um im gleichen Richtungssinn wieder die Null-Linie

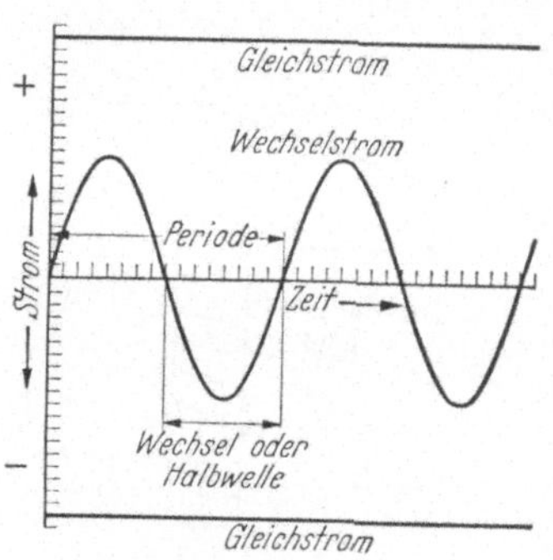

Abb. 2. Schaulinien für Gleich- und Wechselstrom.

zu durchqueren, nennt man eine Periode; die Halbwelle heißt auch Puls. Die Häufigkeit der in gleichem Sinne erfolgenden Nulldurchgänge wird als Frequenz bezeichnet und in Perioden je Sekunde gemessen. Der meistverwendete Wechselstrom hat eine Frequenz von 50 Hz (H. HERTZ, deutscher Physiker), doch kommen in der Elektrowärmeerzeugung teilweise viel höhere Frequenzen zur Anwendung. Der Gleichstrom, der Richtung und Größe beibehält, stellt sich in der Schaulinie (Abb. 2) als eine gerade Linie dar, und zwar für den positiven Pol oberhalb und für den negativen unterhalb der Null-Linie. Da die elektromagnetischen Maschinen in ihrem Innern nur Wechselstrom erzeugen, weil ja der Vorgang des in bezug auf den Magnetpol sich nähernden oder entfernenden Leiters einen Wechsel in Richtung und Größe der Spannung ergibt, so muß an der Maschine, um Gleichstrom zu bekommen, eine entsprechende Gleichrichtung durch den sog. Kollektor vorgenommen werden. Auch durch den Quecksilberdampf-Gleichrichter läßt sich aus Drehstrom ein Gleichstrom herstellen. Erzeugung, Fortleitung und Umformung des Gleichstroms haben gewisse wirtschaftliche Nachteile gegenüber dem Wechselstrom, so daß er in den letzten Jahrzehnten immer mehr aus den Stromversorgungsanlagen verschwunden ist; insbesondere in der Elektrowärmeerzeugung ist er mit Ausnahme der Lichtbogenschweißmaschinen fast bedeutungslos geworden.

10. Selbstinduktion, Kapazität und Phasenverschiebung sind Begriffe, mit denen wir uns zur Erklärung gewisser Wechselstromerscheinungen an Geräten der Elektrowärmeerzeugung (z. B. bei den Induktionsöfen) bekannt machen müssen. Durchfließt der von einem Generator g mit der Spannung U_1 (Abb. 3) erzeugte Wechselstrom J eine um einen Eisenkern gelegte Drahtspule s, so erzeugt er in ihr zunächst ein mit seiner Frequenz pulsierendes Magnetfeld. Da dessen Kraftlinien die Windungen der eigenen Spule schneiden, so entsteht hierdurch die sog. Selbstinduktion, eine zusätzliche Spannung U_2. Sie ist zeitlich, d. h. in ihrer Phase, gegen den Strom J, der sie hervorruft, um ein Viertel der ganzen Periode verschoben (Abb. 4), weil der Strom und mit ihm der Magnetismus und seine Kraftlinien beim Höchst-

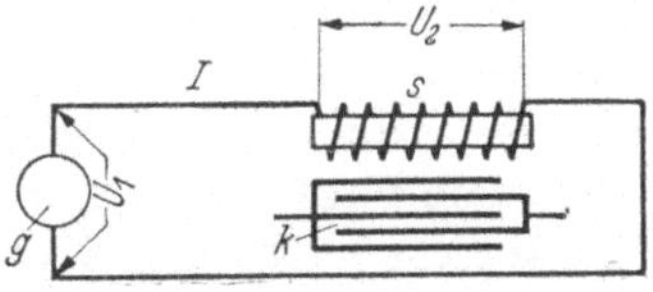

Abb. 3. Selbstinduktion und Kapazität: Schaltbild. g = Stromerzeuger; s = Selbstinduktion; k = Kapazität.

wert die geringste Veränderung und beim Durchgang durch die Null-Linie die stärkste Veränderung durchmachen. Da die Kraftlinienveränderung maßgebend für die induzierte Spannung ist, so ist beim Stromhöchstwert die Spannung $U_2 = 0$ und beim Nullwert des Stromes am größten. Man teilt die Periode im Gedanken an die volle Umdrehung einer Maschine zeitlich in 360 Grade ein, so daß eine *Phasenverschiebung* zwischen Strom J und Selbstinduktionsspannung U_2 um eine Viertelperiode gleich 90° ist (Abb. 4). Nun setzen sich die Klemmenspannung U_1 des Generators und die Selbstinduktionsspannung U_2 an der Spule (Drosselspule), indem man die gleichzeitigen Werte addiert,

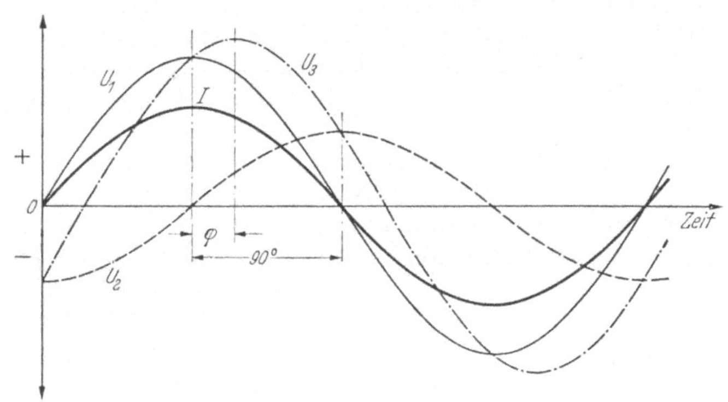

Abb. 4. Schaulinien der Phasenverschiebung.

zu einer resultierenden Spannung U_3 zusammen, die um einen bestimmten Periodenteil, ausgedrückt durch den Winkel φ (phi), dem Strom J nacheilt. Wir erkennen daraus, daß Selbstinduktion in einem Wechselstromkreise eine nacheilende Spannung ergibt. Umgekehrt ist das Verhalten eines sog. *Kondensators* (k in Abb. 3) im Wechselstromkreis. Ein Kondensator besteht aus großen Metallflächen, die wechselweise durch nichtleitende Schichten voneinander isoliert sind und nun abhängig von der Größe und dem Abstand der Flächen und von der Höhe der aufgedrückten Spannung Strommengen aufspeichern können. Wird an die Klemmen eines Kondensators eine Wechselspannung angelegt, so eilt die Spannung dem aufladenden Strom voraus, weil dieser zum Aufladen des Kondensators Zeit braucht. Die Größe der Speicherfähigkeit (Kapazität) des Kondensators wird durch ein Maß bestimmt, das man Farad (nach FARADEY, englischer Physiker) nennt, während das der Selbstinduktion HENRY (ebenfalls englischer Physiker) heißt.

11. Leistungsfaktor. Die Wirkungen der Selbstinduktion und Kapazität, die an und für sich einander entgegengesetzt sind, haben im Wechselstromkreis immer die schädliche Wirkung der Leistungsverkleinerung. Da die Leistung (Volt $\times$ Ampere) nur das Produkt der zeitlich zusammenfallenden Werte ist, so kann man die beiden nicht zusammenfallenden Höchstwerte von J und U_3 auch nicht zu einem Höchstprodukt mit einander malnehmen. Aus weiteren hier nicht gebrachten Ableitungen folgt, daß von der phasenverschobenen Spannung U_3 nur der zeitlich mit J zusammenfallende Teil zur Wirkung kommt. Dieser Spannungsbetrag steht in einem festen Verhältnis zum Winkel φ, das man mit dem Ausdruck Kosinus phi ($\cos \varphi$) bezeichnet; die wirksame Spannung ist gleich $U_3 \cos \varphi$. Damit ist die Wechselstromleistung nicht das Produkt aus Volt mal Ampere schlechthin, sofern eine Selbstinduktion oder Kapazität als Belastung vorkommt, sondern dies Produkt mal dem Faktor $\cos \varphi$, in Formelzeichen ausgedrückt $kW = kVA \cos \varphi$. Dieser Faktor $\cos \varphi$ ist nie größer, meist aber kleiner als eins und heißt *Leistungsfaktor*. Es muß das Bestreben des wirtschaftlich denkenden Elektrotechnikers sein, den Leistungsfaktor mit Hilfe der ausgleichenden Wirkung von Selbstinduktion (Drosselspulen) und Kapazität (Kondensatoren) möglichst auf 1 zu bringen, da ein schlechter Leistungsfaktor die Kosten für die Erzeugung und Fortleitung des Stromes und somit den Strompreis erhöht.

12. Wirbelströme. Die Selbstinduktion in den Wechselstromkreisen wirkt sich nicht nur in den regelrechten Leitungen der Maschinen und Geräte aus, sondern auch in den sonstigen Metallmassen, soweit sie von den pulsierenden Kraftlinien durchdrungen werden. Hier treten die Selbstinduktionsspannungen und die mit ihnen verbundenen Ströme nicht in geordneten Bahnen, sondern in Wirbeln auf. Diese sog. Wirbelströme setzen sich wieder in Wärme um, die meist als unvermeidbarer Verlust gebucht wird, bei einigen Elektrowärmegeräten aber als Enderfolg angestrebt wird.

13. Drehstrom. Die üblichen Gebrauchsspannungen sind beim Gleichstrom 110, 220, 440 und 550 Volt, beim Wechselstrom 110, 190, 220, 380 und 500 Volt. Meist wird aber der Wechselstrom nicht in der Form der in zwei Leitungen fließenden Energie verwendet, sondern als *Drehstrom*, d. h. in einer Verkettung von drei einphasigen, je um 120° versetzten Wechselströmen, die 3 oder 4 Leitungen zu ihrer Fortleitung benötigen. Drehstrom ist die in der ganzen Welt am meisten verbreitete Stromart. In Abb. 5 sehen wir, daß die 3 Schaulinien der um 120° versetzten Wechselströme R, S und T jeweils den zeitlichen Summenwert von Null ergeben, was theoretisch zulassen würde, daß man nur drei Zuleitungen und keine Ableitungen benötigt. Praktisch führt man jedoch in Drehstrommetzen eine

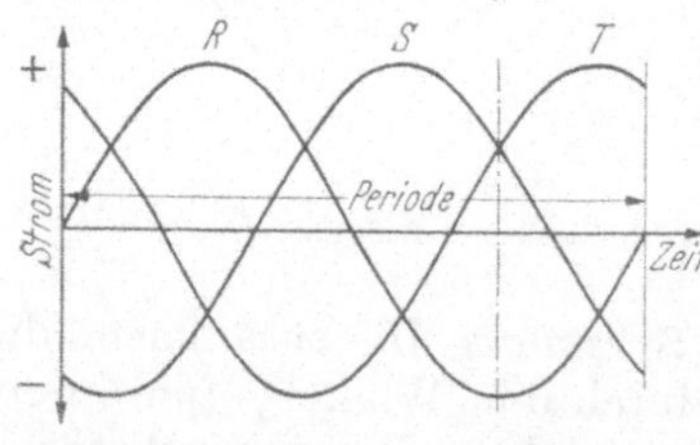

Abb. 5. Schaulinien des Drehstromes.

gemeinsame Rückleitung durch, die zwar Null-Leiter genannt wird, aber bei immerhin vorkommenden ungleichen Belastungen der 3 Wechselströme einen gewissen Ausgleichstrom führen muß. Dieser Null-Leiter liegt gewöhnlich an Erde, was bedeutet, daß Wechselstromleitungen auch Spannung gegen Erde aufweisen. Das ist zur Unfallverhütung wohl zu beachten. Abb. 6 und 7 zeigen die technisch meistbenutzten Drehstromschaltungen für Leitungen und Verbrauchsgeräte mit der Verteilung der üblichen Spannungen. Zur Anlaß- und Verbrauchsregelung wird die Umschaltung von Stern auf Dreieck (sog. Stern-Dreieckschaltung) gern benützt, auch bei Elektrowärmegeräten. Bei gleichbleibender Spannungszufuhr nimmt dann die Dreiecksschaltung einen bei halbem Phasenwiderstand doppelten Strom gegenüber der Sternschaltung auf. Kleinere und mittlere Elektrowärmegeräte werden durchweg einphasig angeschlossen, besonders die Schweißstrom-Transformatoren. Hier bahnt sich aber eine neue Entwicklung mit symmetrischer Netzbelastung bei einphasiger Stromentnahme an.

14. Umspanner (Transformatoren). Bei dem riesigen Stromverbrauch, den heute Verkehr, Industrie und Haushalt aufweisen, ist es undenkbar, die nötige Energie mit den vorerwähnten Gebrauchsspannungen auf längere Strecken zu verteilen. Dazu werden Hochspannungen (bis 220000 Volt gegen Erde) benützt, die auf technisch einwandfreie Weise aus den durch Maschinen erzeugten Wechselströmen

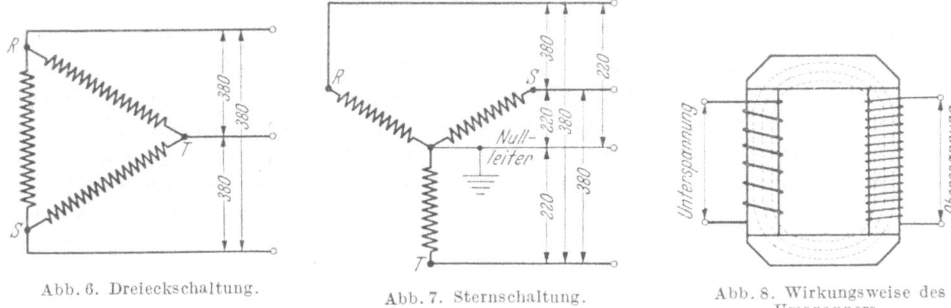

Abb. 6. Dreieckschaltung. Abb. 7. Sternschaltung. Abb. 8. Wirkungsweise des Umspanners.

mittlerer Spannung von 5···10000 Volt umgespannt werden. Das verhältnismäßig einfache Gerät der Spannungsumwandlung beim Wechselstrom ist der *Umspanner* (Transformator). Er beruht auf dem gleichen Grundsatz der elektromagnetischen Induktion wie die elektrischen Maschinen. Eine vom Wechselstrom durchflossene Wickelung, die einen geschlossenen Eisenkern umgibt (Abb. 8), erzeugt ein wechselndes Kraftlinienfeld, das in einer zweiten Wickelung des Eisenkernes eine Spannung hervorruft. Die Spannungen in den beiden getrennten Wicklungen verhalten sich wie ihre Windungszahlen. Die Stromstärken verhalten sich umgekehrt wie die Spannungen; die abgegebene Leistung ist wegen unvermeidlicher Verluste stets etwas kleiner als die in den Umspanner hineingeschickte. Da in der Elektrowärmeerzeugung manche Schmelz- und Glühöfen besondere Strom- und Spannungsverhältnisse bedingen, so werden hier mit Vorteil Sondertranfsormatoren benützt.

D. Wärmeerzeugung durch Elektrizität.

15. Widerstandsheizung. Obwohl alle elektrisch erzeugte Wärme auf das Wirken des Widerstandes zurückzuführen ist, werden doch im allgemeinen drei Gruppen der elektrischen Wärmeerzeugung unterschieden, von denen nur die eine, die auf dem Leitwiderstand regelrecht begrenzter Heizleiter beruht, *Widerstandsheizung* genannt wird. Die Heizleiter können metallischer oder nichtmetallischer Art sein, in festem oder flüssigem Zustand Anwendung finden und ihre Nutzwärme auf mittelbarem oder unmittelbarem Wege abgeben. Zu regeln ist die Wärmeerzeugung, da die Größe des einzelnen Widerstandselementes im Betriebe nicht geändert werden kann, nur durch geeignete Schaltung der einzelnen Elemente: Ab- und Zuschalten, Parallel- und Hintereinanderschalten, Sterndreieckschaltung. Will man vollkommen stufenlos regeln, so muß man die aufgedrückte Spannung ohne Stufen nach oben oder unten verändern können, etwa mit Hilfe eines Reguliertransformators. Da die auf der Widerstandsheizung beruhenden Elektrowärmegeräte in der Industrie bis zu 1000 kW und mehr Energie aufnehmen, so sind ihre elektrischen Regeleinrichtungen schon bedeutend. Die Widerstandsheizung ist in der gesamten Elektrowärmeerzeugung das bei weitem am meisten angewendete Mittel.

16. Die Lichtbogenheizung dient als zweite große Gruppe zur industriellen Elektrowärmeerzeugung; hier geht die Energieaufnahme bis auf viele tausend kW. Gerade die Möglichkeit, dem Lichtbogen hohe Energiebeträge zuführen und sie dort in Wärme umsetzen zu können, gibt der Lichtbogenheizung den Anspruch auf Höchstleistung. Im Lichtbogen werden die höchsten Temperaturen gemessen, die man technisch auf Erden erreichen kann, sie liegen etwa zwischen 3500 und 4000° C. Ein elektrischer Lichtbogen bildet sich dann, wenn in einem geschlossenen Stromkreis die Leitung an einer Stelle unter Innehaltung eines beschränkten Abstandes so unterbrochen wird, daß der Strom bei genügender Spannung und Stärke den Luftspalt unter hellster Licht- und Wärmeentfaltung überbrückt. Die Enden der Leitung, zwischen denen der Lichtbogen entsteht, werden *Elektroden* genannt, sie geraten ebenso wie die als Strombahn dienende Luftsäule auf die höchste Temperatur. Da die hoch erhitzte Luftsäule, besonders bei waagerechten Elektroden, nach oben strebt, nimmt die Strombahn die Form eines Flammen- oder Lichtbogens an (Abb. 9). Metallische Leitungsenden würden bei der Lichtbogenbildung alsbald ab-

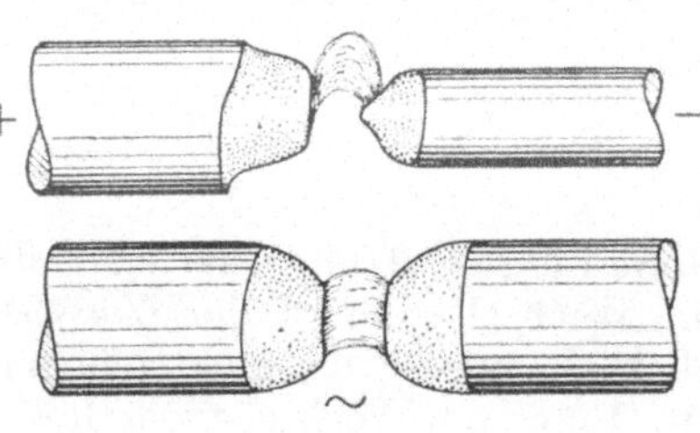

Abb. 9. Kohlelichtbogen bei Gleich- und Wechselstrom.

schmelzen, deshalb werden die Elektroden für die industrielle Lichtbogenheizung aus dem unschmelzbaren Kohlenstoff hergestellt. Eine Ausnahme davon bilden die metallischen Schweißelektroden. Der elektrische Lichtbogen ist zuerst etwa 1810 von dem englischen Physiker DAVY vorgeführt worden, aber erst in den letzten Jahrzehnten ist es gelungen, das Wesen und den Mechanismus des *Stromüberganges im Lichtbogen* befriedigend zu klären. Es kann an dieser Stelle nur ganz kurz und in vereinfachter Weise auf die als Bogenentladung bezeichneten Stromvorgänge eingegangen werden.

a) Wir betrachten dabei zuerst den *Gleichstromlichtbogen* (Abb. 9 oben). Zur Bildung des Lichtbogens müssen die Elektroden sich zunächst berühren, weil die kalte Luftstrecke zwischen ihnen sonst nur unter Verwendung gewaltig hoher Spannungen vom Strom überbrückt würde. Bei der Berührung erhitzen sich infolge des hohen Widerstandes der geringen Berührungsfläche die stromführenden Elektroden an dieser Stelle zur Glut. Erst jetzt gelingt es den Elektrizitätsteilchen, den Elektronen, vom negativen Elektrodenpol aus, nachdem dieser vom positiven wieder etwas entfernt ist, die Luftsäule zu durcheilen. Elektronen bewegen sich stets vom negativen zum positiven Pol, wobei eine der Möglichkeiten zu ihrer Aussendung der *Glühzustand* der Kathode ist (negative Elektrode = *Kathode*, positive Elektrode = *Anode*). Die Geschwindigkeit der ausgesendeten Elektronen hängt von der elektrischen Spannung zwischen den Elektroden ab; diese Geschwindigkeit ist ungeheuer groß, so daß die von den Elektronen getroffenen Moleküle der Luftsäule und der Anode in helle Weißglut geraten. Dabei wird auch die Luft durch die Wirkung der auftreffenden Elektronen elektrisch leitend (ionisiert), so daß sie sich mit an der Strombeförderung beteiligt. Am heftigsten ist der Aufprall der Elektronen auf der gegenüberliegenden Anode, die infolgedessen die höchste Temperatur

(4000° C) und Lichtstärke aufweist. Beim Freimachen der Elektronen aus der Kathode, beim Durcheilen des Lichtbogens, beim Aufprall auf die Anode wird die elektrische Spannung als Antriebsmittel in verschiedenen Teilbeträgen benötigt. In der Lichtbogenheizung mit Kohlenelektroden ist der Spannungsabfall an der Kathode, der sog. Kathodenfall, etwa 10 Volt und der Anodenfall mindestens etwa 4 Volt. Der Spannungsverbrauch im Lichtbogen selbst ist abhängig von seiner Leistung, im praktischen Betriebe liegt er zwischen 20 und 180 Volt.

b) Beim *Wechselstromlichtbogen* sind die Unterschiede zwischen den Erscheinungen an Anode und Kathode verwischt, weil sie ja mit der Frequenz des Wechselstromes dauernd und schnell ihre Polarität vertauschen und somit auch die Elektronenrichtung, die Spannungsabfälle und Temperaturunterschiede; es stellt sich also ein in der äußeren Erscheinung mittlerer Beharrungszustand ein (Abb. 9 unten). Der kritische Punkt, in dem der Wechselstrom durch Null hindurchgeht (s. Abb. 2), würde zum Erlöschen des Lichtbogens führen, wenn nicht die Kohlenelektroden auf Grund ihres Wärmeinhaltes an der Spitze so heiß bleiben, daß die Anode in dem Augenblick, wenn sie zur Kathode wird, ohne weiteres die Elektronenaussendung in der entgegengesetzten Richtung aufnehmen kann.

Die bisher geschilderten Verhältnisse gelten für den reinen Kohlenlichtbogen, der zwischen zwei Kohlenelektroden betrieben wird. Er gibt seine Wärme ohne Berührung des Schmelzgutes nur durch *Strahlung* ab. In der größeren Gruppe der mit Lichtbogenheizung betriebenen Industrieöfen geht der Lichtbogen von der Kohlenelektrode auf das Schmelzgut — meist handelt es sich um zu schmelzendes oder flüssiges Eisen — über. Hier ist also die eine Elektrode, das Schmelzbad, metallisch; Metallichtbögen verhalten sich etwas anders als Kohlenlichtbögen, sie verbrauchen im allgemeinen geringere Spannungen, vor allem ist die Wärmeentwicklung an der Anode nicht so überragend wie bei der Kohlenanode. Bei Wechsel- oder Drehstrombetrieb stellt sich auch hier natürlich ein mittlerer Beharrungszustand ein, nachdem die Energieschwankungen beim Anfahren der Öfen aus dem kalten Zustand sich beruhigt haben. Die Lichtbogenheizung verlangt Gleichmäßigkeit in Stromstärke und Bogenlänge; auch hierzu bedarf es sinnreicher Regelvorrichtungen.

17. Wirbelstromheizung, Induktionsöfen. Die dritte Gruppe der Wärmeerzeuger bedient sich der *Wirbelströme*, die im Schmelzgut selbst hervorgerufen werden. Man könnte sie eigentlich mit unter die Gruppe der reinen Widerstandsheizung rechnen, da Wirbelströme, auch wenn sie in ungeordneten Bahnen verlaufen, nur infolge des ihnen entgegengesetzten Leitungswiderstandes in Wärme umgewandelt werden können. Immerhin ist die Erzeugung und Einwirkung der so erzeugten Wärme so eigenartig, daß man sie wohl in eine besondere Gruppe einordnen kann. Man nennt die damit betriebenen Erhitzer *Induktionsöfen*. Der Vorgang in diesen Wärmegeräten spielt sich so ab, daß eine vom Wechselstrom höherer oder niederer Frequenz durchpulste Spule ohne oder mit Eisenkern ein magnetisches Wechselfeld erzeugt, dessen Kraftlinien das metallische Schmelzgut durchsetzen und so in ihnen Spannungen, Ströme und Wärme erzeugen. Wann man Öfen *mit* und wann man sie *ohne* Eisenkern verwendet, bestimmen Verwendungszweck und Erfahrung; hier sei nur von elektrischer Seite darauf aufmerksam gemacht, daß Eisenkerne eine höhere Anzahl von Kraftlinien zu erzeugen gestatten, als wenn man auf sie verzichtet. Weil nun aber die Kraftlinienschnittzahl in der Zeiteinheit maßgebend für die induzierte Spannung und damit für die Wirbelströme ist, so muß bei eisenlosen Induktionsöfen die geringere Sättigung mit Kraftlinien durch eine höhere Frequenz des Wechselstromes ausgeglichen werden. Hochfrequente Wechselströme für Induktionsöfen — es handelt sich hier praktisch um 500 bis 20 000 Hz — müssen in besonderen Umformern hergestellt werden. Die sehr viel höheren Frequenzen für Induktionshärtung werden in Röhren-Generatoren erzeugt (s. Abb. 76a). Da Induktionsöfen naturgemäß eine hohe Selbstinduktion und damit einen schlechten Leistungsfaktor (cos φ) aufweisen, sind zur besseren Wirtschaftlichkeit ihres Betriebes Einrichtungen zur Verbesserung des Leistungsfaktors nötig, z. B. Kondensatoren. Neuerdings wird auch die Kapazität (vgl. Abschn. 10) für die Erzeugung hochfrequenter Ströme zum Erhitzen verwendet (*Dielektrische Heizung*).

Es sind in diesem Kapitel die *allgemein* für die Elektrowärmeerzeugung gültigen physikalischen und elektrotechnischen Grundlagen behandelt. Erscheinungen, die für dieses oder jenes Gerät, für diesen oder jenen Vorgang eine besondere Bedeutung haben, können besser an der betreffenden Stelle erklärt werden. Für die Errichtung und den Betrieb elektrischer Anlagen bestehen in Deutschland seit langem wissenschaftlich und behördlich anerkannte *Sicherheitsvorschriften* [1], die der *Verband Deutscher Elektrotechniker* herausgibt; sie sind selbstverständlich auch für den Bau und Betrieb elektrischer Wärmeerzeugungs- und Verwertungsanlagen verbindlich. Auch sind einige DIN-Normen für den Bau von Elektrowärmegeräten maßgeblich.

II. Grundsätzliches über die Arten und Baustoffe der Elektrowärmegeräte.

A. Einteilung und Grundformen der Geräte.

Die Verwendung der Elektrowärme ist auf allen menschlichen Gebieten (Haushalt, Landwirtschaft, Gewerbe, Industrie, Verkehr, Wissenschaft) so mannigfaltig, daß eine wohlgeordnete Einteilung der Geräte und ihrer Verwertung sehr schwerfällt. Das gilt auch noch für das eine hier zu behandelnde Gebiet der industriellen Elektrowärme, denn es hat gegenüber den anderen den größten Umfang. Die zwei Hauptgesichtspunkte zur Ordnung der Begriffe sind 1. *die Erzeugung* und 2. *die Verwertung* der Elektrowärme. Der erste Gesichtspunkt umfaßt die *Wirkungs- und Bauweise* der Geräte, der zweite den *Verwendungszweck und die Betriebsweise*.

18. Bauart. Nach der Wirkungs- und Bauweise unterscheidet man bei den Geräten einmal die Art der Wärmeerzeugung als mittelbare oder unmittelbare Widerstands-, Lichtbogen- oder Induktionsbeheizung. Abb. 10···12 zeigen beispielhafte

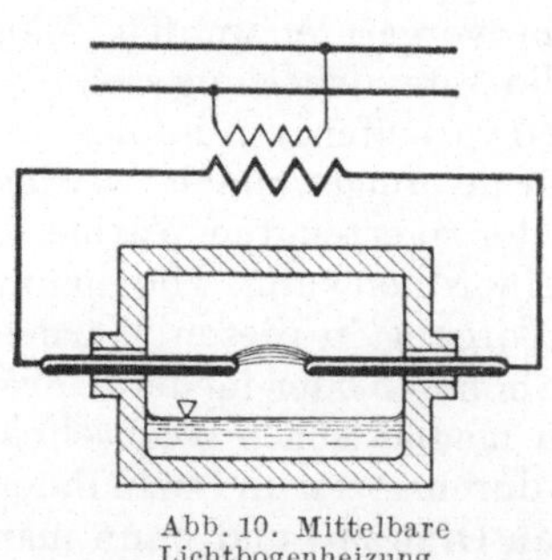

Abb. 10. Mittelbare Lichtbogenheizung.

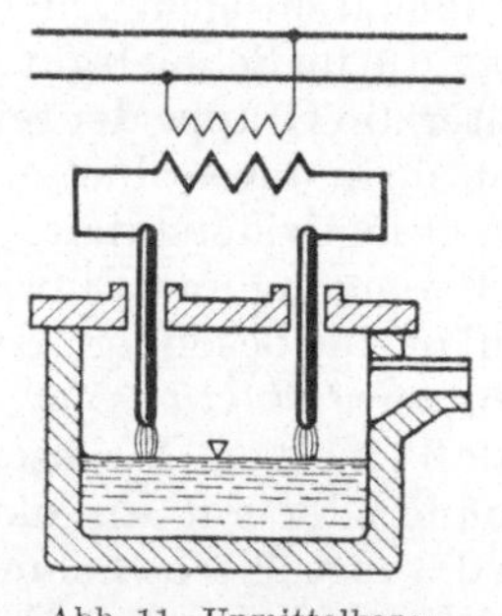

Abb. 11. Unmittelbare Lichtbogenheizung.

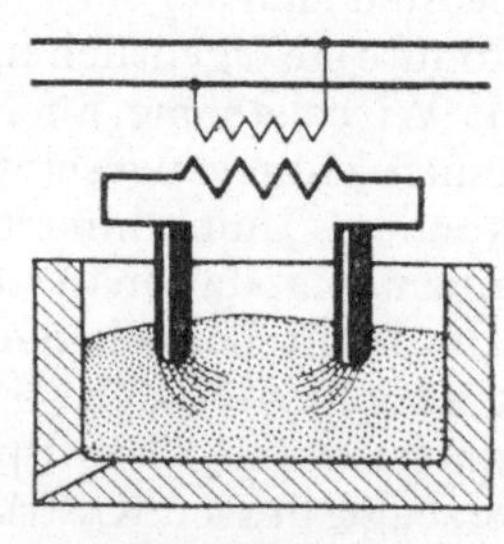

Abb. 12. Bedeckter Lichtbogen.

Skizzen für Lichtbogenöfen, Abb. 13···16 für Widerstandsbeheizung und Abb. 17 bis 18 für Induktionsöfen. Ferner dient die Bauart als Unterscheidungsmittel; Geräte, die in geschlossenen Räumen ihre Wärme an das zu behandelnde Gut abgeben, nennt man Öfen, in einigen Fällen auch Schränke. Daneben gibt es eine Reihe von Bauarten, die an das nicht eingeschlossene Werkstück die Wärme heran-

---

[1] Erhältlich durch jede Buchhandlung.

bringen, man nennt sie Erhitzer oder auch einfach Heizgeräte. Eine Sonderform davon sind die weitverbreiteten, in diesem Büchlein nur beiläufig behandelten elektrischen Schweißgeräte. Die Öfen sind ihrer räumlichen Bauweise nach wohl

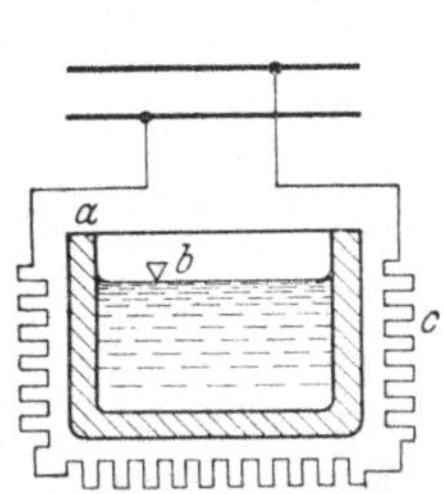
Abb. 13. Mittelbare Widerstandsheizung für Schmelzgut. a = Tiegel; b = zuschmelzendes Gut; c = Heizleiter.

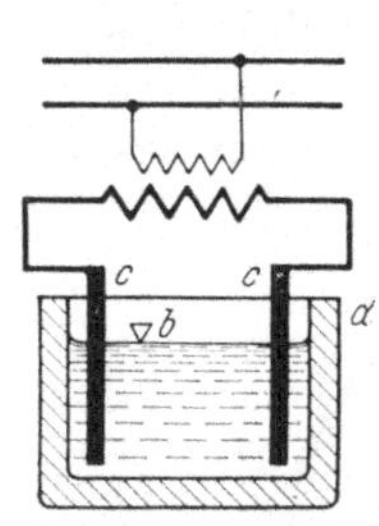
Abb. 14. Unmittelbare Widerstandsheizung für Schmelzgut. a = Tiegel; b = Schmelzbad; c = Elektroden.

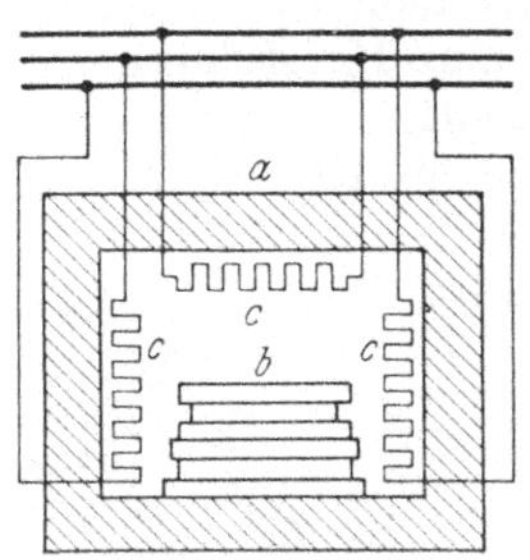
Abb. 15. Mittelbare Widerstandsheizung für Glühgut. a = Ofen; b = Glühgut; c = Heizleiter.

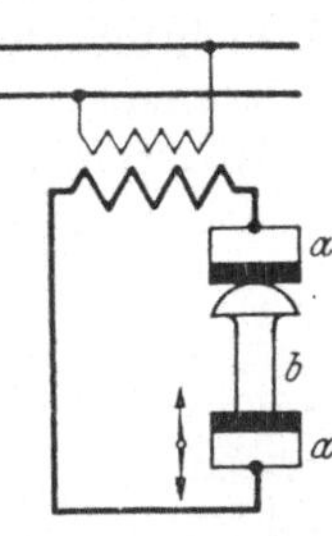
Abb. 16. Unmittelbare Widerstandsheizung für Glühgut. a = Einspannelektroden; b = zu erhitzendes Werkstück, z. B. Niete.

am besten gekennzeichnet als Kammeröfen (Muffel-, Tunnelöfen u. ä.), Schachtöfen (Muldenöfen), Ringöfen, Haubenöfen (Glockenöfen), Herd-, Wannen- und Tiegelöfen. Die Abb. 19—22 lassen in grundsätzlichen Skizzen die bauliche Anordnung dieser Ofenarten erkennen. Zu den kennzeichnenden Unterschieden der Bauweise muß auch noch die *Temperaturgrenze* gerechnet werden, bis zu welcher diese Öfen gebraucht werden können als Nieder-, Mittel- oder Hochtemperaturöfen (etwa bis 500, 1000, 1500° C und darüber). Auch die Art der im Ofen eingeschlossenen Atmosphäre ist unterschiedlich. Die meisten Öfen arbeiten unter Einschluß der gewöhnlichen Luft; soll aber der in der Hitze besonders für Metalle schädliche Sauerstoff ferngehalten werden, so müssen die Ofenräume sehr gut abgedichtet sein, oder es muß ein sog. *Schutzgas* (es kann auch Dampf sein) den

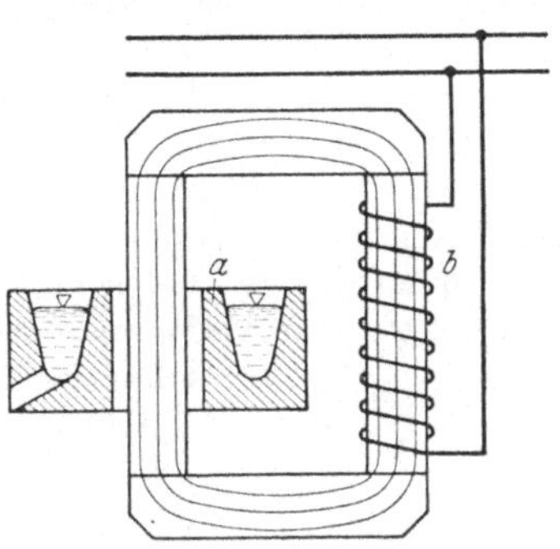
Abb. 17. Niederfrequenzheizung. a = Schmelzrinne als Sekundärwickelung; b = Primärwickelung am Netz.

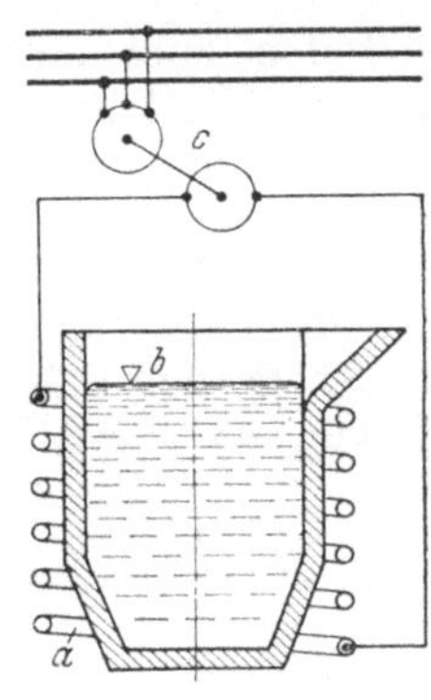
Abb. 18. Hochfrequenzheizung. a = wassergekühlte Induktionsspule; b = induziertes Schmelzbad; c = umlaufender Frequenzumformer.

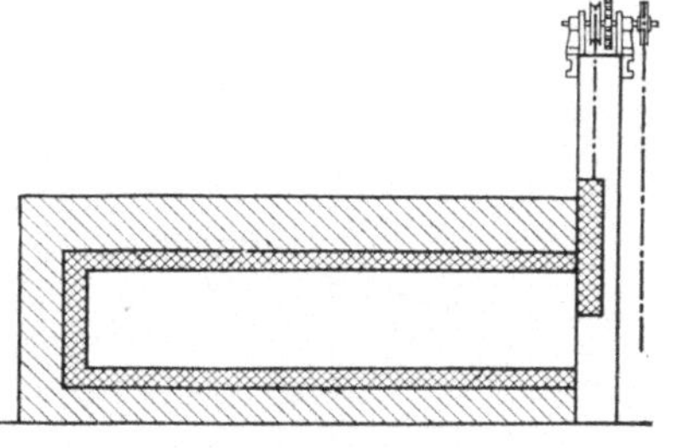
Abb. 19. Kammerofen.

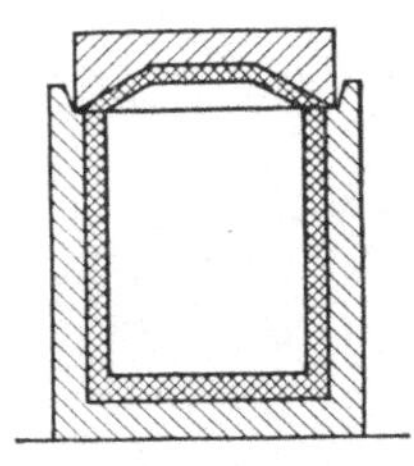
Abb. 20. Schachtofen.

Ofenraum erfüllen. Die Ofenatmosphäre kann entweder stehend sein oder sie wird zum besseren Ausgleich der Wärme mechanisch umgewälzt (*Umluft*), nach Art der Abb. 23. In einigen Fällen wird der Ofenraum sogar luftleer gehalten (Vakuumofen).

19. Verwendungszweck. Bei weitem am gebräuchlichsten ist die Einteilung der industriellen Elektrowärmegeräte nach ihrem Verwendungszweck. Da unterscheidet man *Schmelzöfen* zum Erschmelzen, Ein- und Umschmelzen, Legieren und Raffinieren von Metallen, zur Erzielung von chemischen Vorgängen an Metallen und Nichtmetallen, zur Herstellung von Metallüberzügen u. ä. Ferner *Glühöfen*, eine besonders vielseitig verwendete Gruppe zum Härten, Anlassen, Weich- und Blankglühen, Anwärmen von

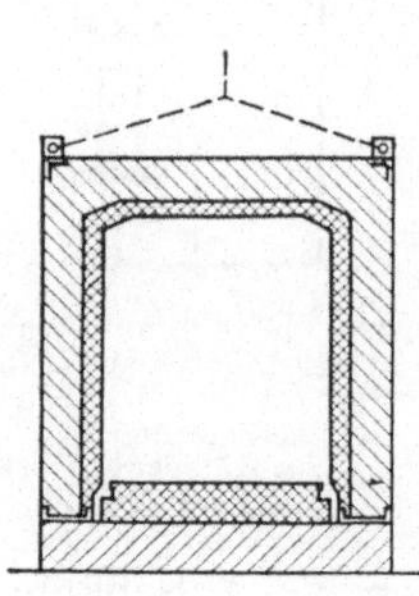

Abb. 21. Haubenofen.

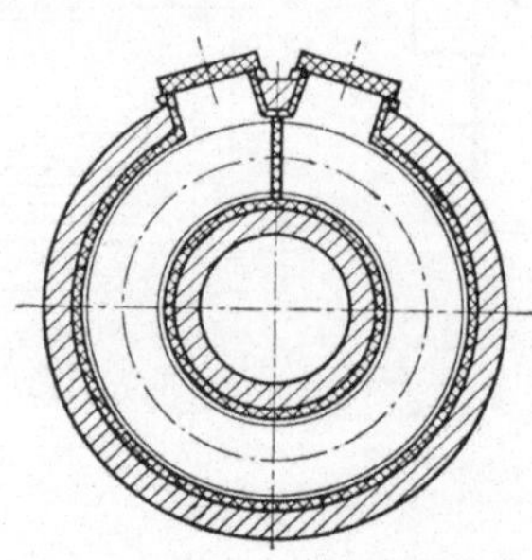

Abb. 22. Ringherdofen.

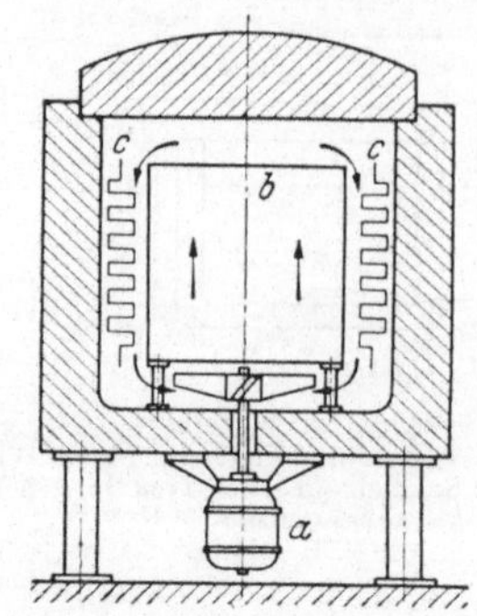

Abb. 23. Schachtofen mit Luftumwälzung. a = Lüftermotor; b = Glühraum; c = Heizleiter.

Metallen, zum Einbrennen von Email, Glasuren, Farben, Lacken u. ä. Sodann Trockenöfen für die verschiedenen Industrien. Auch die Schweißgeräte dienen einem in seiner Bedeutung gar nicht zu überschätzenden Verwendungszweck der Elektrowärme. Elektrodampfkessel, Warmwasserbereiter und eine ganze Anzahl von Geräten für Sonderzwecke, die hier einzeln aufzuführen der Platz fehlt, vervollständigen die Einteilung nach der Zweckbestimmung.

20. Betriebsweise. Auch nach der Betriebsweise kann man, jedenfalls in der großen Gruppe der Öfen, eine gewisse Ordnung vornehmen. Man unterscheidet Öfen mit *ruhendem Gut* oder stehendem Einsatz, der nach Einbringen in den Ofenraum ruhend der Wärme ausgesetzt und nach Behandlung geglüht oder geschmolzen wieder aus ihm herausgenommen wird; der Betrieb des Ofens ist daher absatzweise unterbrochen. Bei der anderen Ofengruppe wandert

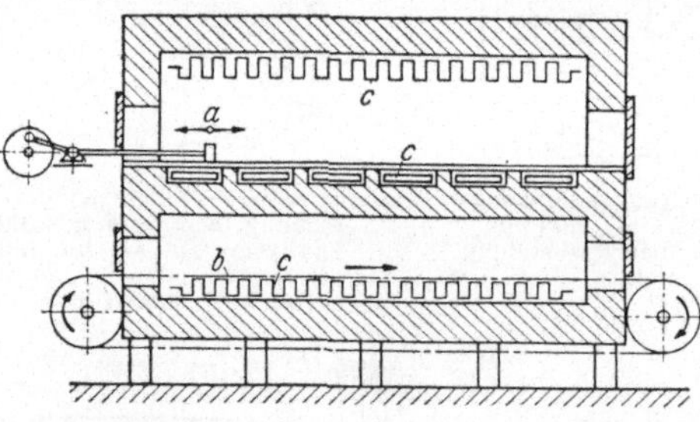

Abb. 24. Doppelkammerdurchlaufofen. a = Durchstoßvorrichtung; b = Förderkette; c = Heizleiter.

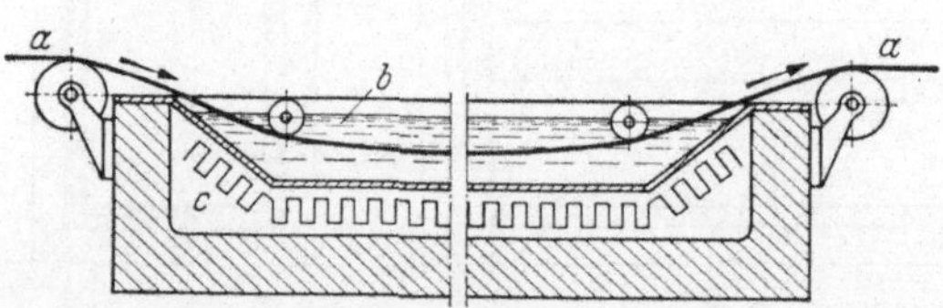

Abb. 25. Schmelzbaddurchziehofen. a = Durchgangsgut; b = Schmelzbad; c = Heizleiter.

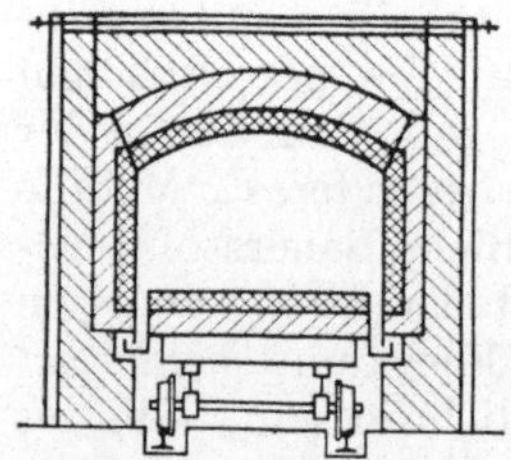

Abb. 26. Herdwagenofen.

das zu behandelnde Gut im stetigen, langsamen Strom durch den Ofenraum hindurch; diesem *durchlaufenden Gut* entspricht ein ununterbrochener oder Fließbetrieb. Hinsichtlich der *Beschickungsweise* unterscheidet man Hand- oder maschinelle Beschickung durch obere, untere oder seitliche Öffnungen. In der mechanischen Beschickung der Glühöfen kann man z. B. weiter unterteilen in Durchstoß- und Durchziehöfen, Rollöfen, Wagenöfen u. ä. In den Abb. 24···26 sind einige Beispiele für die Beschickung der Öfen und die Bewegung des Gutes in ihnen skizzenhaft dargestellt.

Der hier gemachte Versuch einer Einteilung der Elektrowärmegeräte erhebt keinen Anspruch auf Vollständigkeit und Richtigkeit, dazu sind die Grenzen der einzelnen Arten nicht bestimmt genug zu ziehen, was ja bei Geräten, die Erzeugung und Verwendung einer Energie in sich vereinigen, ohnehin nicht leicht ist. Immerhin soll das Aufzeichnen von Begriffen und ihren Benennungen dem Leser bei der späteren Beschreibung der Geräte (Kap. III A···C) die Übersicht erleichtern.

B. Baustoffe der Elektrowärmegeräte.

Unter Baustoffen werden hier nicht nur die Mittel zur äußeren Gestaltung der Öfen und Wärmegeräte, wie Eisen, Stein u. ä., verstanden, sondern auch alle die Teile, die zum Leiten und Umwandeln der Elektrizität in Wärme und zum Zusammenhalten dieser benötigt werden, wie metallische und nichtmetallische, feste und flüssige Heizleiter, Elektroden, elektrische Isolierstoffe und Wärmeschutzmittel, Tiegelbaustoffe u. dgl. m.

21. Widerstandsheizleiter. Wir betrachten zuerst die Gruppe der *Widerstandsöfen*. Hat man Art und Größe des Ofens nach seinem Zweck und den Abmessungen des Einsatzgutes bestimmt, so wird die erforderliche Heizleistung in kcal berechnet, wobei Menge und verlangte Temperatur des Einsatzes, seine spezifische Wärme und Wärmeleitfähigkeit maßgebend sind. An Strom muß dann dem Ofen das entsprechende Äquivalent (je 860 kcal eine kWh), vermehrt um die zu erwartenden Verluste, zugeführt werden. Die Verluste entstehen durch Abstrahlung der Wärme aus der Ofenoberfläche und durch Entweichen beim Beschicken und Entleeren der Öfen (sog. Türverluste). Auch die Wärmemenge, die dazu nötig ist, den Ofen aus dem kalten Zustande auf Betriebstemperatur zu bringen, die sog. Speicherwärme, ist zum größten Teil als Verlust zu werten, da sie beim Abschalten des Ofens praktisch doch nicht wieder verwertet werden kann. Diese *Speicherwärme* ist bei jedem Wärmegerät vorhanden und abhängig von seiner Masse, der mittleren spezifischen Wärme seiner Einzelteile und seiner Betriebstemperatur. Den Energiebetrag, der nötig ist, um den Ofen oder das Gerät bis zu seiner Betriebstemperatur aufzuheizen, nennt man den *Speicherwert*, die Zeit, die dazu nötig, die *Anheizzeit*. Der für die Aufrechterhaltung der Betriebstemperatur im leeren Ofen nötige Energiebetrag heißt *Leerwert*. Um die Ofenverluste bei einer langen Anheizzeit zu verkleinern, müßte man mit hohen Energien schnell aufheizen, die dann wieder im Betrieb nicht ausgenutzt werden könnten. Kommt das Anheizen (bei Dauerbetrieb) selten vor, so spielt der Speicherwert eine weniger wichtige Rolle. Man muß also den Anschlußwert eines Ofens (Leistung in kW) unter geschickter Abwägung der Anheiz- und Betriebsverluste ermitteln. Nach Errechnung der Anschlußleistung sind Art und Bemessung der wärmeerzeugenden Widerstände, der sog. Heizleiter, zu bestimmen. Die Berechnungsweise der Widerstandsöfen, insbesondere der Durchlauföfen, ist heute wissenschaftlich sehr vervollkommnet worden.

a) Die *Auswahl der Heizleiter* muß den verschiedensten Anforderungen gerecht werden: Sie sollen die Wärme möglichst gleichmäßig abstrahlen oder ableiten, sie sollen mit der Temperatur ihre Abmessungen und ihren Widerstandsbetrag nicht wesentlich verändern. Sie sollen gut verarbeitbar sein, d. h. möglichst kalt verformbar und auch gut zu verschweißen. Vor allen Dingen aber müssen sie warmfest sein, d. h. sich bei der ihnen zugemuteten Temperatur und Ofenatmosphäre weder mechanisch noch chemisch verändern, sie dürfen also nicht schmelzen, verdampfen, brüchig werden, verschlacken, verzundern oder sonst Form oder Zustand verlieren. Schließlich sollen die Heizleiterstoffe wirtschaftlich erschwingbar sein und möglichst im Inlande erzeugt werden. Leider widersprechen sich oft die Anforderungen in ihrer Erfüllungsmöglichkeit. Heizleiter mit dem erwünscht hohen Widerstandsbetrag leiten Wärme schlecht und sind teilweise wenig warmfest; als warmfest bewährte Heizleiterstoffe können teilweise nur devisenbelastet vom Ausland bezogen werden usw. Bei weitem die meisten Heizleiter sind metallischer Art, ihre Auswahl ist von der Höhe der Betriebstemperatur abhängig. Die Tab. 3 (S. 20) gibt eine Zusammenstellung der wichtigsten Heizleiter mit ihren Eigenschaften. Die Angaben der Temperaturen, bis zu welchen diese Stoffe benutzt werden können, beruhen auf der Verwendung in Luft unter der Annahme einer mittleren Benutzungsdauer ohne Überlastung. Metallische Heizleiter im Schutzgas und bei geringer Betriebsdauer (Laboratorien) können höher beansprucht

Abb. 27. Befestigung von Widerstandsheizwendeln in einem Kammerofen (*BBC.*).

werden. Die Industrieöfen benutzen am meisten Legierungen von Eisen (Fe), Nickel (Ni), Kupfer (Cu), Chrom (Cr) und Aluminium (Al); *Chromnickel*, am besten in der Mischung $80\,Ni + 20\,Cr$, gibt den bevorzugtesten Heizleiterstoff ab, leider ist er sehr devisenbeschwert, man sucht ihn durch Kobalt zu ersetzen. Die *Chromeisengruppe* unter Ausschluß von Nickel durch Zusatz von Aluminium (etwa $65\,Fe + 30\,Cr + 5\,Al$) zu verbessern, führt zwar zu hoher Temperaturleistung, läßt aber die Heizleiter sehr bald recht spröde werden. Die *Lebensdauer* metallischer Heizleiter ist von sehr verschiedenen Bedingungen stark abhängig; die haltbaren Chromnickellegierungen können mehrere tausend Betriebsstunden erreichen.

b) *Die Bemessung* der Heizleiter muß von zwei Gesichtspunkten ausgehen: einmal sollen möglichst viele Heizleiter gleichmäßig im Ofen oder am Heizgerät untergebracht werden, sodann soll mit dem geringsten Stoffaufwand die größte Heizleistung hervorgebracht werden. Ein Heizleiter kann frei im Raum die Wärme am besten abstrahlen, nutzt aber den Raum sehr schlecht aus. Bedeckt man alle Raumwandungen mit Heizleitern, so ist die Raumausnützung zwar ein Höchstmaß, aber die Heizleiter können nur von einer Seite Wärme ausstrahlen, während ihre andere Seite unter Umständen durch Wärmestauung Schaden leidet. Man wird also bei der Berechnung, auf die hier einzugehen zu weit führen würde, den goldenen Mittelweg suchen müssen, wo freie Strahlung und Rückstrahlung durch die Ofenwandungen bei Schonung des Materials den besten Wert ergeben.

Die metallischen Heizleiter werden in Form von *Band* oder *Draht*, dieser in Wendeln, jenes in Wellenform verarbeitet. Querschnitt und Länge ergibt sich aus dem verlangten Widerstand unter Beachtung der zulässigen Strombelastbarkeit; diese wird ausgedrückt durch die Anzahl Watt, die je Quadratzentimeter Oberfläche bei einer bestimmten Temperatur in Wärme umgesetzt werden können. Diese Belastbarkeit liegt bei den verschiedenen Heizleitermetallen und Betriebstemperaturen praktisch zwischen rund $0,5\cdots5$ W/cm². Da Bänder und Drähte nicht frei tragend im Ofenraum ausgespannt werden können, müssen sie von Vorrichtungen getragen werden, die nicht nur warmebeständig sind, sondern auch die Ableitung der Wärme und Elektrizität verhindern. Die Abb. 27 u. 28a bis c zeigen in Ansicht und schematisch die Befestigungsmöglichkeit von Drähten und Bändern. Diese Bauart verhindert natürlich, daß die ganze Oberfläche des Heizleiters seine Wärme strahlend an das zu behandelnde Gut abgibt, ein großer Teil erhitzt die tragenden Teile und kann erst auf mittelbarem Wege wieder abgestrahlt werden. Eine Verbesserung dieses Zustandes wurde von einer Firma dadurch erreicht, daß sie den Querschnitt des Leiters biegungsfest nach Art einer Fahrradfelge (Abb. 29) ausgebildet hat. Damit ist das Heizelement bei Spannweiten bis zu 2 m und bei der Betriebstemperatur selbsttragend. Bei geeigneter Anordnung ist das Felgenheizelement sogar in der Lage, den darüberliegenden Wärmeisolierstoff des Ofens mit zu tragen, man kann dabei einen weniger tragenden, aber die Wärmeverluste besser abdämmenden Stoff verwenden. Die Heizfelgen werden aus bewährten Chromnickellegierungen für Betriebstemperaturen von $600\cdots1100°$ C hergestellt.

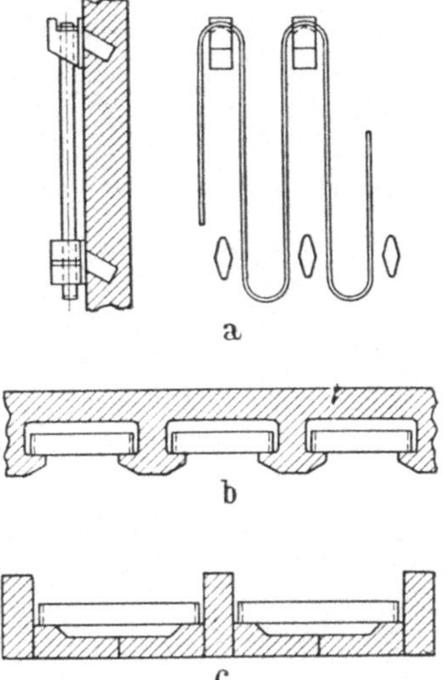

Abb. 28. Einbau von Widerstandsheizbändern in $a =$ Seitenwand, $b =$ Decke und $c =$ Boden eines Ofens (*SSW.*).

Um die metallischen Heizleiter besser vor Zerstörung zu schützen und um die Wärmeabgabe noch gleichmäßiger zu gestalten, bettet man sie manchmal ganz in Isoliermasse ein, die dann entweder selbsttragend sein muß wie bei Heizmuffeln (Abb. 30) oder Heizrohren (Calodurverfahren Abb. 31 unten) oder noch von einem metallischen Schutzrohr umgeben wird. In dieser Hinsicht hat sich das sog. BACKER-Rohr (nach dem Erfinder so genannt, Abb. 31 oben) und ähnliche Ausführungen in der letzten Zeit gut eingeführt. Ganz eingebettete metallische Heizleiter werden allerdings nur für kleinere und mittlere Öfen und Wärmegeräte verwendet. Passende Einbettungsstoffe für Heizleiter sind geordnet nach ihren Betriebstemperaturen von $500\cdots1200°$ C: Glimmer, Asbest, Kieselgur, Magnesia, Schamotte, Tonerde. Als weitere Widerstandsmetalle, die allerdings nur in kleinen

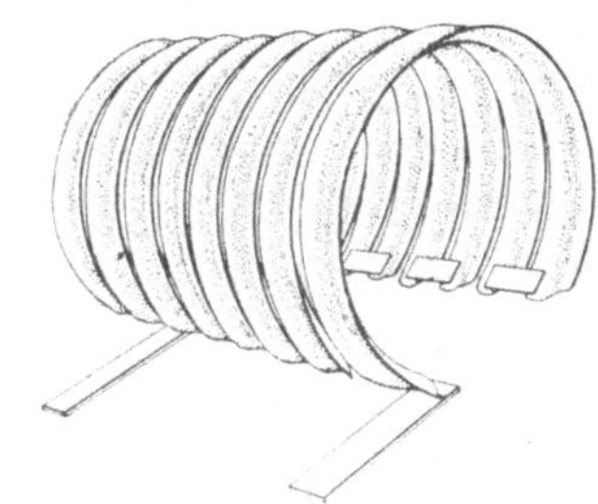

Abb. 29. Heizfelgen (*Junker*).

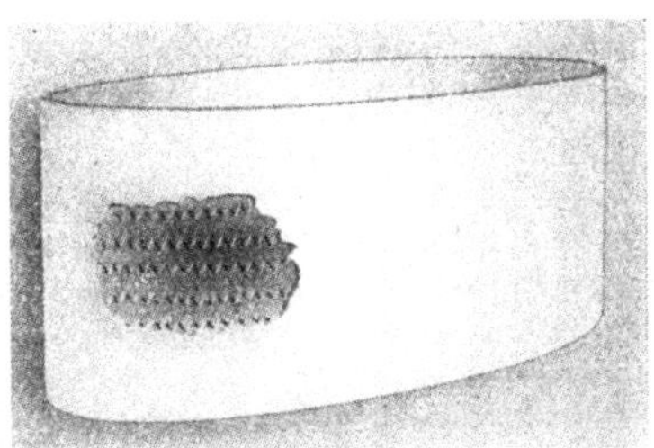

Abb. 30. Heizmuffel mit eingebetteten Heizwendeln (*Junker*).

Geraten, z. B. für Laboratoriumszwecke in der Industrie, verwendet werden, seien noch Platin und Molybdän genannt (Tab. 3). Eine ganz neue Erfindung benutzt als Heizleiter eine Zinn- und Zinnbleilegierung, die in einem Quarzrohr luftdicht abgeschlossen in flüssigem Zustand eine dauernde Warmeabstrahlung von 1300 bis 1500° C hergibt.

c) *Nichtmetallische Heizleiter* mit hoher Warmfestigkeit werden verwendet, wenn in manchen Fällen die praktisch mit metallischen Heizleitern erreichbare Ofentemperatur von 1100···1200° C nicht ausreichend ist. Dafür haben sich als brauchbar erwiesen die *Kohle* und eine Verbindung von Kohle mit Silizium, das sog. *Siliziumkarbid*. Kohle, im reinen Zustand als Graphit bekannt, ergibt bei Stromdurchfluß Temperaturen von 2000···3000° C, sie wird in Stab-, Rohr- und Grießform je nach Anwendungszweck in den elektrischen Stromkreis eingeschaltet.

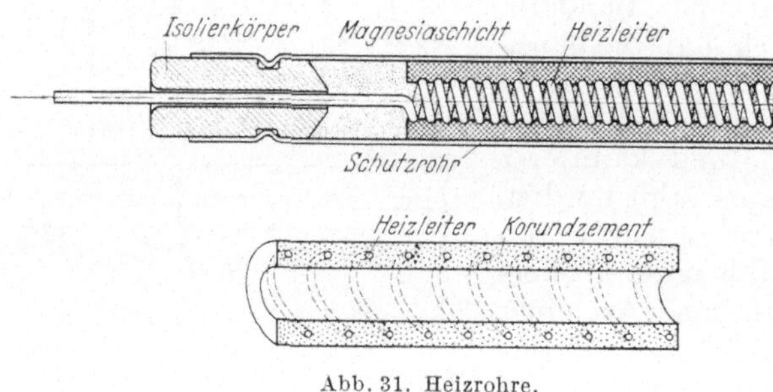

Abb. 31. Heizrohre.

Soweit sie als Träger der Lichtbogenheizung dient, wird sie im nächsten Hauptabschnitt besprochen, im übrigen ist ihre industrielle Anwendung für die Elektrowärme fast nur auf das Laboratorium beschränkt. Dagegen haben sich Heizleiter aus Silliziumkarbid, welche unter dem Namen „Silit" und „Globar" verwendet werden, gut eingeführt, auch für größere Heizleistungen; es lassen sich Temperaturen bis zu 1500° C mit ihnen erreichen, im praktischen Betriebe werden sie von 700 bis 1400° C verwendet. Silit hat einen spezifischen Widerstand je nach Zusammensetzung von 700···6000 Ohm, praktisch werden 1000···2000 Ohm bevorzugt (vgl. Tab. 3). Das Siliziumkarbid kann zwar nicht schmelzen, wird aber bei den hohen Temperaturen mit der Zeit durch den Luftsauerstoff oxydiert; seine Oxyde sind nichtleitend und erhöhen den Widerstand schnell und erheblich. Daher muß bei den Heizleitern aus Silit und Globar, um den Stromdurchgang und damit die Wärmeerzeugung auf gleicher Höhe zu erhalten, die Spannung von Zeit zu Zeit erhöht werden. Die als Alterung bezeichnete

Tabelle 3. *Zusammenstellung gebräuchlicher Heizleiter.*

Nr.	Bezeichnung	Zusammensetzung	spezif Widerstand Ohm je m/mm²	Nutzbereich bis °C
1	Konstantan	60 Cu + 40 Ni	0,45 ··· 0,5	500
2	Nickelin	58 Cu + 42 Ni	0,42	500
3	Manganin	84 Cu + 4Ni + 12 Mn	0,45	500
4	Eisen	Fe	0,09 ··· 0,15	700
5	Nickel	Ni	0,11	800
6	Chromnickeleisen (Eisen überwiegend)	Fe + Ni + Cr	0,5 ··· 0,9	950
7	Chromnickeleisen (Nickel überwiegend)	65 Ni + 20 Cr + 15 Fe	1,1	1050
8	Chromnickel	80 Ni + 20 Cr	1,1 ··· 1,2	1150
9	Chromeisenaluminium (z. B. Megapyr, Permatherm)	65 Fe + 30 Cr + 5 Al	1,4	1300
10	Chromkobaltaluminium (z. B. Kanthal)	Cr + Al + Co	1,35 ··· 1,5	1350
11	Platin	Pt	0,14	1600
12	Molybdän	Mo	0,5	1900
13	Glühsalze	etwa BaCl	5000	1200
14	Siliziumkarbid (z. B. Silit)	C + Si	1000 ··· 2000	1400
15	Kohle	C	12 ··· 100	3000

Erscheinung setzt den Silit- und Globarheizleitern eine beschränkte Lebensdauer fest, die bei ununterbrochenem Betrieb 1000···2000 Stunden erreicht; bei unterbrochenem Betrieb liegt sie höher. Siliziumekarbidheizleiter werden in Form von zylindrischen Stäben auf keramischem Weg (vom griechischen Keramik = Töpferkunst) durch Pressen und Brennen hergestellt, man nennt sie daher auch *keramische Widerstände*. Der Anschluß dieser harten und spröden Nichtmetalle an die elektrische Stromzuführung macht besondere Vorrichtungen nötig. Bei den Silitstäben werden die Enden jenseits der Glühlänge verdickt, mit einem dünnen Metallüberzug versehen und mit Nickeldraht umwickelt (Abb. 32). Um die An-schlußteile der zerstörenden Wärme zu entziehen, müssen sie aus dem Glühraum hinausgeführt werden. Bei den Globar-

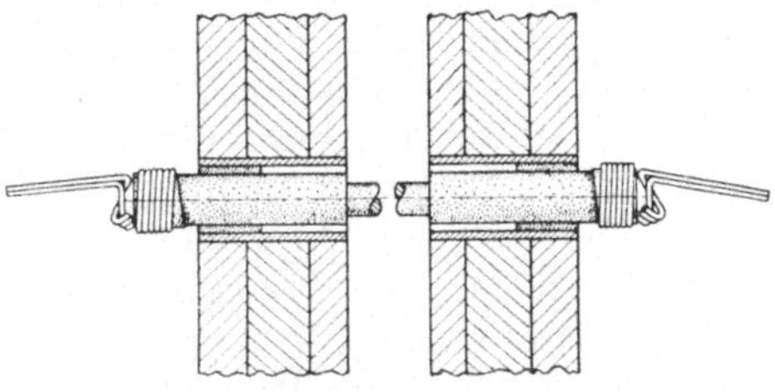

Abb. 32. Einbau eines Silitstabes mit Stromanschlüssen. (*S.u.H.*).

stäben werden die Enden mit einer Metallkappe versehen, gegen die federnde Kontakte drücken, die Anschlußvorrichtung wird mit Wasser gekühlt.

Zur Vervollständigung seien noch als nichtmetallische Widerstände die *Glühsalze* genannt (s. Tab. 3). Salze der Metalle Barium, Kalium und Natrium, darunter Zyanverbindungen, die nur im warmen Zustande (negativer Temperaturkoeffizient) leitend sind, werden unter Stromdurchgang in helle Glut (800···1300°C) gebracht, sie geben durch Leitung ihre Wärme an das eingetauchte Gut weiter. Da sie im kalten Zustande nicht leitend sind, muß Erwärmung und Stromschluß durch einen Hilfsvorgang eingeleitet werden.

22. Lichtbogenelektroden. Als Träger des Lichtbogens dient in der Elektrowärmetechnik die Kohlenelektrode, wenn wir vom metallischen Stab bei der Lichtbogenschweißung absehen. Man hat Kohle als Elektrode gewählt, weil sie an und für sich elektrisch verhältnismäßig gut leitet und an der Ansatzstelle des Lichtbogens, die außerordentlich hohe Warmegrade aufweist, nur langsam abgenutzt wird. Diese Abnutzung geschieht durch Verbrennung und Verdampfung bzw. Zerstaubung der Kohlestoffteilchen. Man muß also im Lichtbogenofenbetrieb dafür sorgen, daß möglichst wenig Sauerstoff (frische Luft) hinzutreten kann. Bei Wechsel- oder Drehstrombetrieb, der praktisch für Lichtbogenöfen nur in Frage kommt, ist der sog. Abbrand an allen Elektrodenenden gleichmäßig. Die Elektrode spitzt sich dabei etwas zu (Abb. 33). Die Lichtbogenelektrode soll selbst möglichst geringen Leitungswiderstand aufweisen, der dazu verwendete technische Kohlenstoff hat einen spezifischen Widerstand von 12···100 Ohm; die Kohlenstoffart mit guter kristallinischer Ausbildung, *Graphit* genannt, hat einen geringeren Widerstand als die mit ungeordnetem Molekulargefüge, die sog. *amorphe* Kohle. Beide Formen kommen in den Lichtbogenöfen zur Verwendung, doch wird die Graphitelektrode bevorzugt, da die Leitungsverluste in den Elektroden sehr ins Gewicht fallen. Der Querschnitt der Kohlenelektrode richtet sich nach der Kohlensorte, der benötigten Stromstärke und nach der Querschnittsbelastungsfähigkeit. Je nach Leitvermögen rechnet man mit rund 10···20 Amp/cm², am zugespitzten Elektrodenende steigt diese Belastung dann schon auf 40 Amp/cm². Diese Stromdichten gelten für Elektroden bis 50 cm Durchmesser; muß man größere Querschnitte anwenden (es gibt Elektroden über 1 m Durchmesser mit Stromstärken von 50000 Amp und mehr), so muß

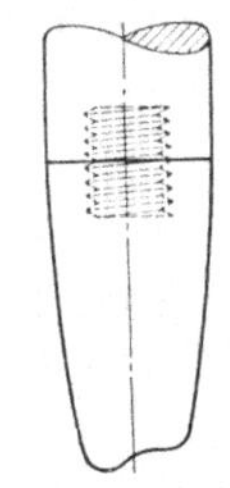

Abb. 33.
Kohlenelektrode
mit Schraub-
nippel-
verbindung.

diese Querschnittsbelastung aus elektrotechnischen und wärmetechnischen Gründen erheblich (auf 4···5 Amp/cm^2) herabgesetzt werden. Die stabförmigen Elektroden werden aus pulverförmiger Kohlenmasse (Graphit, Anthrazit, Koks) in Pressen mit riesigen Drücken vorgeformt und dann in einem Ofen fertiggebrannt. Da die üblichen Fabrikationslängen nur etwa 1···2 m betragen, müssen die Elektroden im durchgehenden Ofenbetrieb nach Maßgabe des Abbrandes angestückt werden; das geschieht durchweg dadurch, daß man die zylindrischen Kohlen an ihren Enden durch Schraubnippel (Abb. 33) aus dem gleichen Kohlenmaterial verbindet. Das Annippeln kann auf dem Ofen erfolgen. Festigkeitsmäßig sollen die Elektroden mit ihren Nippeln so zuverlässig sein, daß keine Brüche und Abbröckelungen eintreten, die das Schmelzbad verunreinigen oder Betriebsstörungen hervorrufen können. Muß man Kohlenelektroden von größeren Durchmessern gebrauchen, als sie gepreßt werden können, so kommt eine Verstärkung dadurch in Frage, daß man über die Kernelektrode Kohlenringe schiebt, die durch Eisenhalter und Schwalbenschwanzfugen fest miteinander verbunden sind. Eine Elektrodenart, die nicht gepreßt und gebrannt wird und infolgedessen keinen Beschränkungen in den Abmessungen unterliegt, ist die sog. SÖDERBERG-Elektrode. Sie wird aus amorpher Kohlenmasse in einen Blechzylinder von gewünschtem Durchmesser über dem Ofen eingestampft. Im Ofenbetrieb brennt die Kohlenmasse unter der Einwirkung der Lichtbogenhitze zu einem festen Körper zusammen. Am oberen Elektrodenende wird die Kohle in den Schüssen der Blechzylinder ununterbrochen nachgeschüttet und eingestampft. Ein Elektrodenwechsel fällt also bei dieser Elektrodenart ganz fort.

Da die Kohlen am Lichtbogenende abbrennen, müssen sie während des Betriebes dauernd nachgeschoben werden, auch muß ihr Abstand vom Einsatzgut oder von der Gegenelektrode dauernd geregelt werden. Für *Nachschub* und *Regelung* sind, von kleineren Öfen mit Handbetrieb abgesehen, starke und sinnreiche Regeleinrichtungen notwendig (Abschn. 27).

23. Dämmstoffe für Wärme und Elektrizität. Betriebssicherheit und Wirtschaftlichkeit der Elektrowärmegeräte verlangen, daß schädliche und verlustreiche Ableitungen von Strom und Wärme abgedämmt werden. Die Elektrotechnik verfügt über eine Reihe guter *Isolationsmittel*, die einen hohen Widerstand und eine große Durchschlagsfestigkeit aufweisen, leider aber nicht hitzebeständig, geschweige denn feuerfest sind, wie z. B. Gummi, Papier, Kunstharze u. ä. Preßstoffe. Sie kommen für die Einrichtungen der Elektrowärme nur da in Frage, wo keine Übertemperaturen auftreten. Bis zu einigen hundert Grad lassen sich auch noch Porzellan, Asbest, Speckstein (Steatit), Glimmer u. ä. verwenden, für die hohen Glühtemperaturen in den Öfen aber sind ausgesprochen elektrotechnische Isolierstoffe nicht vorhanden. Es hat sich da zum Glück erwiesen, daß die Wärmedämmstoffe, wie Schamotte, Magnesiumoxyd, Tonerde, Kieselsäure, Korundzement, für die Betriebsspannungen bei den betreffenden Temperaturen — vielfach überschreiten sie 800°C nicht — auch elektrisch genügend gut isolieren, wenn sie auch als sog. Leiter zweiter Klasse mit dem Widerstand bei hoher Erhitzung heruntergehen (negativer Temperaturkoeffizient). Die Betriebsspannungen liegen bei Widerstandsheizgeräten zwischen 220 und 500 Volt, bei mittleren und größeren Lichtbogenöfen zwischen 110 und 220 Volt (Lichtbogenspannungen 80···180 Volt) und bei Induktionsöfen zwischen 200 und 3000 Volt.

a) Bei der Betrachtung der *Wärmeisolierung* beginnen wir mit den Glühöfen. Als Wärmeverluste kommen in Frage die *Abstrahlung* durch die äußere Oberfläche, die Verluste durch das Öffnen der Türen, Hinein- und Herausführen der Beschickungsvorrichtungen, als *Türverlust* bezeichnet, und der größte Teil der Wärme, die man beim Anheizen des Ofens aufwenden muß, die sogenannte *Speicherwärme*. Will man die Speicherwarme verringern, so muß man die Masse und damit die Maße des Ofens verkleinern und Baustoffe von geringer spezifischer Wärme verwenden. Der eine Weg ist begrenzt durch die verlangte solide Bauweise und die erforderlichen Größenmaße fur den beabsichtigten Zweck, der andere durch den hohen Preis solcher Baustoffe. Auch hier laßt sich zwischen Wärmeverlust und zusätzlichen Stromkosten einerseits und den Baukosten andrerseits der Bestwert finden. Die Turverluste lassen sich durch geschickte Ausbildung der Türen wie Beschickungseinrichtungen und durch aufmerksame Bedienung verringern. Bei absatzweisem Betrieb sind natürlich diese Verluste größer als bei durchlaufendem. Die Strahlungsverluste des Ofens sind abhängig von seiner Oberfläche nach Größe, Wärmeleitvermögen und Temperatur. Diese sollte man nicht uber Handwarme (etwa 50°) steigen lassen. Glatte, helle Oberfläche setzt die außere Warmeleitfähigkeit herab.

Fur die *innere Auskleidung* der Gluhraume genugt hinsichtlich des Warmeschutzes die sonst ubliche Schamotte (feuerfest gebrannter Ton) nicht, da sie eine für Elektroöfen zu hohe innere Wärmeleitfähigkeit hat. Dafür werden Isoliersteine gebraucht, die keramisch aus Tonerde (Al_2O_3), Magnesia (MgO) und Kieselsäure (SiO_2) zusammen gebrannt sind und einen genugend kleinen Ausdehnungsbeiwert besitzen. Hiervon ist besonders bekannt das Tonerde-Kieselsäure-Mineral Sillimanit. Auch Isolierpulver werden verwendet, die aus Magnesiumoxyd und Kieselgur bestehen und eine viel geringere Wärmeleitzahl haben (rund $1/_6$ der Schamotte). Sie haben auch ein entsprechend kleineres spezifisches Gewicht, sind aber besonders bei hohen Temperaturen weniger fest als Schamotte, so daß sie für tragende Teile in den Öfen nicht in Frage kommen. Sofern man also nicht selbsttragende Heizleiter verwendet, muß man die Heizdrähte und -bänder in oder an hochtonerdehaltigen Schamottetragsteinen befestigen (Abb. 28). Als sehr leichte, gut wärmedämmende Isolierstoffe kommen noch Schlackenwolle, Glaswolle und Alfol (zerknitterte Aluminiumfolie), auch Infusorien-Erde (Sterchamol) in Frage, da bei ihnen die eingeschlossene Luft, der beste Wärmeisolator, einen sehr großen Raum einnimmt. Die graphische Aufstellung in Abb. 34 gibt Raumgewichte und Wärmeleitfähigkeiten der hauptsächlichen Warmeschutzstoffe an. Da jede Isoliermasse Wärme aufnimmt und festhalt, so ist es unwirtschaftlich für absatzweisen Betrieb, bei dem in jeder längeren Betriebsunterbrechung die festgehaltene Wärme doch wieder verfliegt, ebensoviel Aufwendungen für den Wärmeschutz zu machen wie bei Dauerbetrieb. Sind die regelmäßigen Betriebsunterbrechungen allerdings so kurz, daß das Wiederanheizen noch die Nachhitze aus dem letzten Ofengang verwenden kann, so ist die Wärmeaufspeicherung in der Isolation von Nutzen.

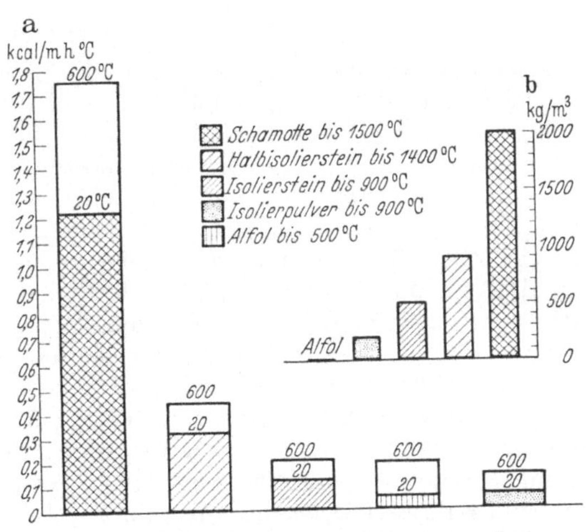

Abb. 34. Eigenschaften verschiedener Ofenbaustoffe.
a = Wärmeleitzahlen; *b* = Raumgewichte.

b) Für die *Tiegel und Wannen der Schmelzöfen*, soweit sie nicht aus Metall bestehen und durch irgendeinen der vorerwähnten Isolierstoffe vor Wärmeverlust geschützt sind, kommen besonders bei den Lichtbogen- und Induktionsöfen Gesichtspunkte in Betracht, die über den Wärmeschutz hinaus die Frage der Auskleidung (Zustellung) der Schmelzräume nach *metallurgischen* Anforderungen zu lösen haben, da hier das Schmelzbad in chemischer Wechselwirkung (saure oder basische Reaktion) zur Tiegelwandung steht. Die nicht mit dem Bad in Berührung kommenden Abdeckungen und Beschickungstüren müssen natürlich gegen Wärmeverluste abgedämmt sein. Aus dem Reich der Steine und Erden kommen als Baustoffe für die Elektroschmelzöfen Ton, Kalk, Schamotte, Magnesit, Dolomit und Silikat teils als Formsteine, teils als Stampfmasse mit Bindemitteln in Frage.

Bei einigen Erwärmungsvorgängen auf elektrischem Wege spielt der Wärmeschutz keine Rolle, da die Wärmeerzeugung hier im Innern des Werkstückes und so schnell vor sich geht, daß die schädliche Wärmeableitung nicht in Rechnung kommt (z. B. Widerstandsschweißung, Induktionshärtung, Nieterhitzung u. ä. Verfahren).

c) Die übrigen für den Aufbau der industriellen Elektrowärmegeräte benötigten *Baustoffe* sind die gleichen wie die sonst für Schmelzöfen, Glühöfen, Dampferzeuger usw. in Anwendung kommenden, wie auch die Formen dieser Geräte sich äußerlich ähneln, gleichviel mit welchem Wärmeträger sie beschickt werden. In den Widerstandsschweißmaschinen sind allerdings Geräte entstanden, die sonst ihrer Art Ähnliches nirgends finden. Daß zu allen Elektrowärmegeräten ihrer Größe entsprechende Stromumformungs-, Leitungs-, Schalt-, Meß- und Regelanlagen gehören, versteht sich von selbst.

III. Ausführungsformen der Elektrowärmeanlagen.

A. Schmelzöfen.

24. Allgemeines. Wir beginnen die Beschreibung der industriellen Elektrowärmegeräte mit den Schmelzöfen, weil für die Fertigung in der Werkstatt das Schmelzen der Metalle einschließlich des Eisens irgendwie den Anfang bezeichnet, sei es, daß Metalle aus Erzen erschmolzen werden, oder sei es, daß sie durch Umschmelzen gereinigt und veredelt oder durch Zusammenschmelzen mit anderen Metallen zu Legierungen gemischt werden, wobei auch Nichtmetalle wie Silizium, Kohlenstoff, Mangan usw. mit ihnen in Verbindung gebracht werden können, sei es, daß sie durch Flüssigmachen lediglich in einen gießfähigen oder sonst verarbeitungsfähigen Zustand gebracht werden sollen. Arten und Abmessungen der Schmelzöfen sind sehr verschieden, sie hängen ab vom Schmelzpunkt der Metalle und der Größe des Einsatzes. Leichtmetalle schmelzen von 250° C an, bei legierten Stählen und Ferrosiliziumverbindungen übersteigen die Temperaturen 1500° C; der Größe nach erstrecken sich die Schmelzöfen von einigen Kilogramm Inhalt bei wenigen Kilowatt Anschlußwert bis zu Großöfen mit 50000 kg Einsatz und vielen tausend Kilowatt Leistungsaufnahme. Als Beheizungsart kommen die in Kap. I D beschriebenen Möglichkeiten: Widerstands-, Lichtbogen- und Induktionserhitzung in ihren verschiedenen Unterarten in Betracht. Die folgende Beschreibung behandelt nach Umfang und Bedeutung die Schmelzöfen in der Reihenfolge *Lichtbogenöfen, Induktionsöfen* und *Widerstandsöfen*, wobei jeweils von der geringeren bis zur höheren Schmelzleistung (Temperatur, Menge und Art des Einsatzes) fortgeschritten wird. Die allen elektrischen Schmelzöfen gemeinsamen *Vorteile* seien der Einzelbeschreibung vorangestellt; sie sind der Fortfall unreiner Heizgase und Brennstoffe, die gute Mischfähigkeit im Schmelzbade, daraus folgend die Herstellungsmöglichkeit gleichmäßiger Metalle und ihrer Legierungen, geringer

Verlust durch Abbrand und schließlich die durchaus wichtige Verbesserung der Arbeitsbedingungen durch einfache, saubere und gesunde Bedienung.

25. Allgemeines über Lichtbogenöfen. a) Als *Wärmeträger* kommen die Kohlen-(Graphit-)Elektroden in Frage, welche die Hitze des Lichtbogens und der Elektrodenenden mittelbar durch Strahlung an das Schmelzgut (und das Schmelzraumgewölbe) abgeben (Abb. 10) oder unmittelbar, indem der Lichtbogen in das Bad eintritt (Abb. 11). Ein gewisser Betrag an Strahlungswärme bleibt auch hier bestehen, während der Betrag an Wärme, der durch den ohmschen Widerstand des vom Lichtbogenstrom durchflossenen Schmelzgutes entsteht, wegen seiner Geringfügigkeit außer Ansatz bleiben kann. Der Lichtbogen kann einphasig, zweiphasig oder dreiphasig gebildet werden. Bei größeren Öfen kommt nur die letzerwähnte Anordnung mit Drehstromspeisung in Frage. Die Umschaltung der Elektroden von Stern- auf Dreiecksschaltung und umgekehrt ist dabei ein Mittel der Spannungsregelung am Lichtbogen, es muß allerdings dann das Schmelzbad mit dem Nullleiter verbunden sein. Bei einigen Öfen kann durch Umschaltung vom freischwebenden auf den badgebundenen Lichtbogen von mittelbarer zur unmittelbaren Beheizung übergegangen werden. Lichtbogenöfen sind schon um die Jahrhundertwende eingeführt worden. Zuerst (1898) wurde der reine Strahlungsofen mit 2 oder 3 über dem Bad horizontal oder leicht geneigt angebrachten Elektroden von STASSANO angegeben. Der Ofen mit den auf das Schmelzgut übergehenden Lichtbögen wurde 1900 dem Erfinder HEROULT patentiert. Eine dritte von GIROD 1906 angegebene Form leitete den durch den Lichtbogen in das Schmelzbad eingeführten Strom durch eine unten im Bad angebrachte Gegenelektrode zur Stromquelle zurück. Obwohl die Elektrodenanordnungen noch heute grundsätzlich dieselben sind, werden die Namen der Erfinder kaum mehr gebraucht.

b) *Die Schmelzgefäße* (Herde) der Lichtbogenöfen können wegen der hohen Temperaturen nur aus keramischen Stoffen bestehen, die Ausfütterung (Zustellung) der Schmelzräume mit feuerfesten und gegen chemische Einwirkungen widerstandsfähigen Stoffen ist entsprechend dem Schmelzgut und den damit beabsichtigten Reaktionen verschieden zusammengesetzt und muß nach einer begrenzten Anzahl von Schmelzungen erneuert werden. Das Deckelgewölbe muß besonders scharfe Angriffe der strahlenden Hitze aushalten und daher aus hervorragend feuerfesten Stoffen (z. B. Silika, Korund u. ä.) hergestellt sein. In einigen Sonderfällen ist der Lichtbogenofen über dem Schmelzraum offen. Die *Form* des *Schmelzgefäßes* kann die eines Tiegels, eines liegenden Hohlzylinders oder einer Wanne sein. Fast alle Schmelzöfen sind wegen der Notwendigkeit, das flüssige Gut zu entleeren, kippbar eingerichtet. Neben der Öffnung für das Ausgießen (Gießschnauze, Abstichloch) sind noch Öffnungen für das *Beschicken* mit festem oder flüssigem Einsatz und vielfach auch für das Abziehen der Schlacken vorhanden. Bei großen Öfen für die Stahlerzeugung wird durch Fortnehmen des oberen Deckels der ganze Schmelzraum freigelegt und durch geeignete mechanische Beschickung schnell und wärmesparend mit dem Einsatz gefüllt. Bei allen Beschickungs- und Schlackenarbeiten an Lichtbogenöfen muß Vorsorge getroffen sein, daß die Elektroden nicht beschädigt werden, da Elektrodenbrüche den Betrieb erheblich stören. Neben der für das Ausgießen nötigen Kippbewegung sind manche Schmelzöfen mit einer Vorrichtung versehen, um durch Rollen oder Drehen des Schmelzraumes eine gleichmäßigere Wärmeverteilung und Durchmischung des Schmelzgutes zu erreichen.

c) Nach der *Größe* kann man die industriellen Lichtbogenöfen in kleinere, mittlere und große Öfen einteilen, allerdings ohne feste Grenzen. Die kleineren Öfen fassen etwa 150···1200 kg Einsatz bei Anschlußwerten von 75···500 kVA, sie werden meist zum Schmelzen von Nichteisenmetallen gebraucht. Mittlere Öfen kann man etwa bis zu 6 oder 8 t Fassungsvermögen bei 1800···2000 kW Leistungsbedarf rechnen; die Großöfen reichen bis zu 25 und neuerdings sogar 60 t und Anschlußleistungen von 6000···12000 kW. Mittlere und große Öfen werden meistens für das Erschmelzen, Veredeln und Legieren von Eisen und Stahl verwendet. Der Anschlußwert ist aber nicht unmittelbar verhältnisgleich der Einsatzgröße des Ofens, er ist um so größer, je kürzer die Schmelzzeit sein soll, je höher der Schmelzpunkt des Einsatzes liegt und je einschneidender eine chemische Wirkung (Reduktion) im Schmelzgut erstrebt wird. Auch die Stromverbräuche für die erschmolzenen Metalle, Stähle, Ferrolegierungen usw. sind daher sehr unterschiedlich; sie werden weiter unten im einzelnen angegeben. Der Leistungsfaktor (cos φ) der Lichtbogenöfen liegt im allgemeinen zwischen 0,75 und 0,9.

26. Die kleineren Lichtbogenöfen werden meist als *Trommelöfen* ausgebildet, d. h. sie haben einen Schmelzraum in Form eines liegenden Hohlzylinders, der um seine Längs- oder seine Querachse gedreht werden kann. Abb. 35 zeigt in vereinfachter Form die Ausbildung eines solchen Ofens als Rollofen. Der Eisenzylinder als Tragkörper des Ofens ist innen wärmedämmend und feuerfest ausgefüttert, die Beschikkung geschieht durch eine obere Öffnung, das Abstichloch ist unten an einer Stirnwand angebracht. In der Mittelachse befinden sich in beiden Stirnwänden die Durchführungen für die Elektroden, die vielfach von Hand nachgestellt werden. Die Rollbewegung wird dadurch ermöglicht, daß sich der Ofenzylinder

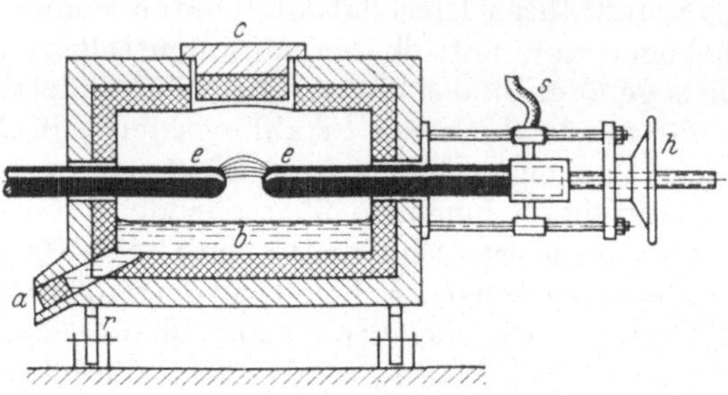

Abb. 35. Einphasenlichtbogen-Rollofen.
a = Abstichöffnung; b = Schmelzbad; c = Beschickungsöffnung; e = Elektroden; h = Handregelung; r = Rollvorrichtung; s = Stromzuführung.

auf Rollenlagern drehen oder auf einer Rollbahn abwälzen läßt; meist genügt für die Badbewegung ein Drehwinkel von 90°. Bei einigen Öfen wird die Zustellung als vorher fertiggebranntes keramisches Hohlgefäß ausgeführt, das in den eisernen Ofenkörper schnell ein- und auszubauen ist. Die Zusammensetzung der Zustellung wird dem Schmelzgut angepaßt; meist wird Kupfer und seine Legierungen, Nickel, Silber, aber auch Eisen für hochwertigen Grauguß in solchen Öfen geschmolzen. Abb. 36 zeigt einen Graugußrollofen für 1 t Fassungsvermögen. Dieser Ofen wird mit drei Elektroden betrieben, von denen zwei im Winkel zueinander geneigt an der einen Stirnseite und die dritte gegenüber an der anderen Seite angebracht

Abb. 36. Drehstromlichtbogen-Schaukelofen (*SSW.*).

sind, sie werden von Hand geregelt. Beschickungs- und Ausgußöffnung sind bei diesem Ofen vereinigt, der Verschluß ist an der vorderen Zylinderwand erkennbar.

Bei der Beschickung dieser Öfen mit stückigem Einsatz müssen die Elektroden zurückgezogen werden. Bei öligem Einsatz (Drehspäne) müssen die Beschickungsöffnungen bis zum völligen Ausbrennen des Öles offen bleiben.

Eine andere Form der Öfen mit zylindrischem Schmelzraum zeigt Abb. 37. Es ist ein Metallschmelzofen (Kupfer, Nickel, Silber, Zink, Zinn, Blei und Legierungen) für 600 kg Fassungsvermögen. Die Kohlenelektroden sind hier durch die obere Zylinderwandung senkrecht eingeführt. Nachschub und Lichtbogenlänge wird hier selbsttätig geregelt. Eine dritte Elektrode befindet sich fest eingebettet im Boden des Schmelzbades und in unmittelbarer Berührung mit ihm. Der Ofen kann mit ein-, zwei- oder dreiphasigem Wechselstrom betrieben werden, wobei Transformatorleistungen von 60···250 kVA benötigt werden. Beschickungstür und Ausgußschnauze liegen sich gegenüber an den Stirnseiten. Die Kippbewegung des Ofens wie auch die selbsttätige Elektrodenregelung wird mit Druckwasser betrieben; die Elektrodenführung muß natürlich die Kippbewegung mitmachen.

Der Verbrauch an Elektroden (100 bis 150 mm Durchmesser) der bisher beschriebenen kleineren Lichtbogenöfen beträgt etwa 0,8···2,5 kg je t Einsatz, an Strom wird für die Tonne erschmolzenen Metalles etwa verbraucht:

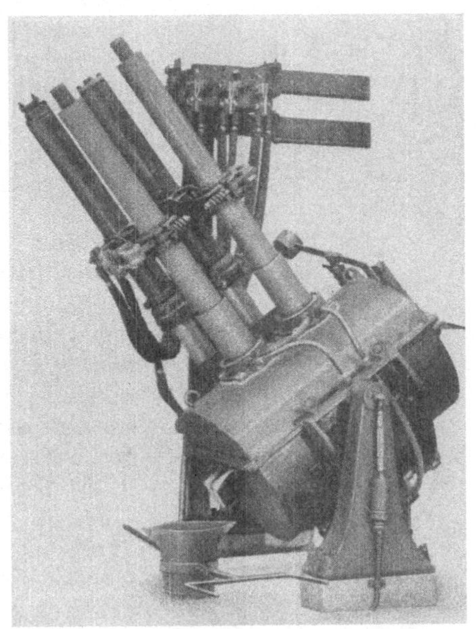

Abb. 37. Lichtbogenmetallschmelz-Kippofen (*BBC.*).

    für Nickel. . . . . rd. 900···995 kWh
    ,, Grauguß. . . . . ,, 650···750 ,,
    ,, Kupfer und Kupferlegierungen . ,, 350···450 ,,
    ,, Silber . . . . ,, 200···250 ,,
    ,, Blei. . . . . ,, 60··· 80 ,,

27. Bei den **mittleren und größeren Lichtbogenöfen** sei, um Wiederholungen zu vermeiden, das grundsätzlich Gleiche oder Ähnliche in Bau- und Betriebsweise vorweggenommen. Das bezieht sich besonders auf die Führung, Abdichtung und Regelung der Elektroden, auf die Beschickung und Entleerung der Öfen, auf die sonstigen mechanischen Einrichtungen, auf die Ausbildung der Schmelzräume und sonst Allgemeines.

a) *Die Schmelzräume* (Herde) dieser Öfen sind durchweg Wannen mit zylindrischer Wandung in starkem Eisengestell entsprechend gemauert und ausgekleidet. Abb. 38 zeigt die grundsätzliche Anordnung eines solchen Ofens mit Schmelzraum, Deckel, Beschickungs- und Ausgußöffnung und Schaukelvorrichtung. Bei Öfen mit aufliegendem Deckel (Gewölbe) müssen natürlich die Elektroden nebst Führung und Regelvorrichtung die Schaukelbewegung, sei sie nun zum Badmischen oder zum Entleeren nötig, mitmachen. Neuere Öfen haben Deckelformen, die es ermöglichen, das Gewölbe samt den Elektroden und ihrem Zubehör in einer Hebevorrichtung anzuheben und seitlich fortzubewegen. Abb. 39 zeigt eine solche Vorrichtung über einer Schmelzwanne, die zudem noch drehbar angeordnet ist. Dabei ergibt sich ein doppelter Vorteil. Zunächst kann der ganze Ofen von oben freigelegt werden, was besonders bei der Beschickung, Neuauskleidung und Ausbesserung des Schmelzraumes von Nutzen ist. Sodann kann das Bad unter dem Deckel gedreht werden, wobei die Elektroden ihre Stellung im Raum beibehalten. Das hat den Nutzen, daß der flüssige oder kalte Einsatz nicht immer an denselben Stellen von den Lichtbögen getroffen wird, was warmetechnisch und metallurgisch von Vorteil ist. Bei der Drehbewegung des Bades (etwa 90%) darf natürlich das Deckelgewölbe nicht so weit abgehoben werden, daß Wärme entweichen und schädliche Verbrennungsluft hinzutreten kann. Das Gewölbe wird vorsichtig nur um so viel angehoben, daß ein Eisenblechrand des Deckels in einer Sandrinne am Schmelzgefäß sich noch luftdicht bewegen kann. Diese sog. Sandtasse ist im Schema (Abb. 38) gut zu erkennen. Selbstverständlich muß Vorsorge bei der Bedienung solcher Öfen getroffen sein, daß Schmelzgefäß und Deckel mechanisch und elektrisch gefahrlos bewegt werden können, besonders die Elektroden müssen bei den Bewegungen geschützt werden.

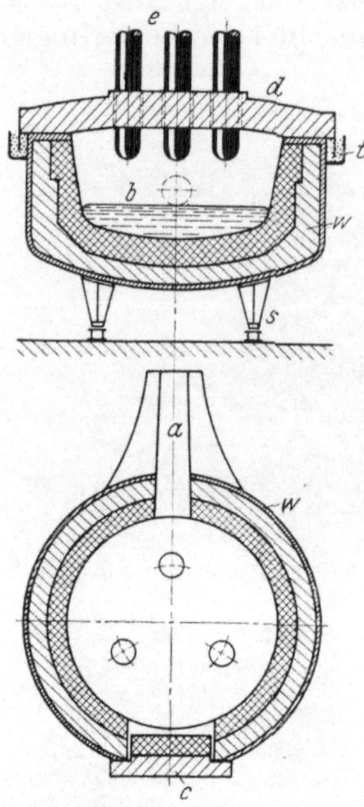

Abb. 38. Schema eines Lichtbogenschmelzofens. a = Ausgußöffnung; b = Schmelzbad; c = Beschickungsöffnung; d = Deckelgewölbe; e = Elektroden; s = Schaukelkufen; t = Sandtasse; w = Schmelzwanne (Herd).

b) *Beschickt* werden die Lichtbogenschmelzöfen mit flüssigem oder festem Einsatz. Flüssiges Eisen wird durch eine Gießrinne in den Ofen eingeführt; im sog. Duplexverfahren, d. h. beim ständigen Zusammenarbeiten der Elektroöfen mit einem anderen Schmelzofen des Eisenhüttenbetriebes ist das die Regel. Hier wird natürlich der Elektrowärmebetrag zum Einschmelzen des kalten Einsatzes gespart. Der *feste Einsatz* besteht meist aus Schrott, Stahlwerksresten u. a. in grobstückiger oder zerkleinerter Form. Er wird durch die Seitentüren (Schafftüren), die je nach Ofengröße $^1/_3$ bis $^2/_3$ m² bedecken, in den Schmelzraum geschafft. Solche Türen sind feuerfest verkleidet, schwer und meist nur mit mechanischer Kraft zu bewegen, so daß die Beschickung keine leichte Arbeit ist. Bei kleinstückigem, gut rutschfähigem Einsatz hilft man sich manchmal so, daß man ihn durch eine schräge Rinne, die vor der Beschickungstur angebaut ist, in den Ofen hineinrutschen läßt. Um die Beschickung zu beschleunigen und damit Zeit- und Wärmeverluste einzusparen, hat sich in der Zeit vor dem letzten Kriege bei den mittleren Öfen immer mehr das *Korbbeschickungsver-*

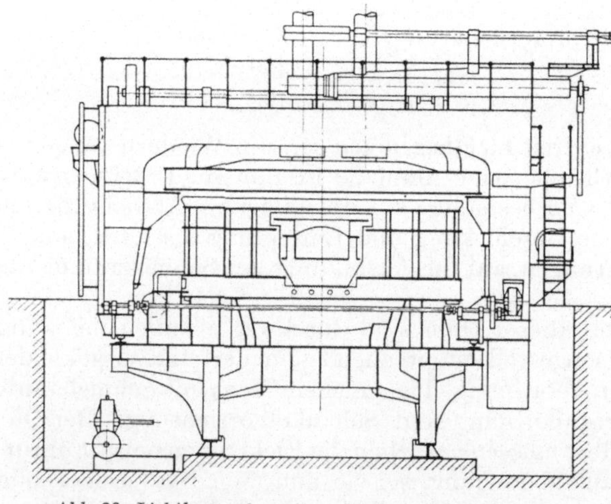

Abb. 39. Lichtbogenofen mit ausfahrbarem Gewölbe und drehbarem Herd (*SSW.*).

fahren eingeführt. Es beruht darauf, daß der ganze Einsatz — es kommt dabei nur fester in Frage — auf einmal in den Schmelzraum hineingetan wird. Dazu muß, wie oben schon beschrieben, der Deckel mit dem ganzen Elektrodengerät von dem Schmelzraum entfernt und ein

Abb. 40. Korbbeschickung eines Elektrostahlofens.

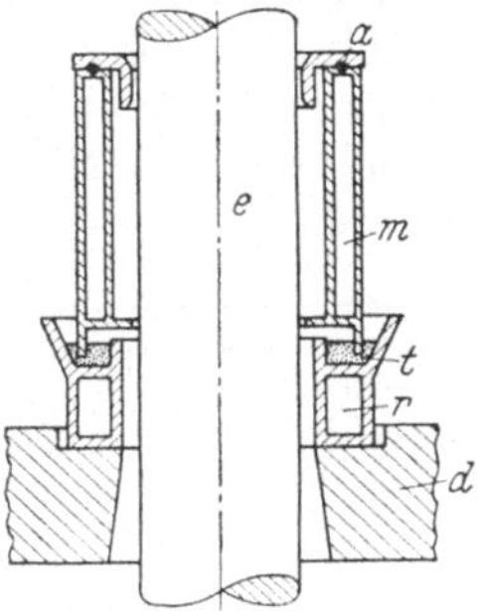

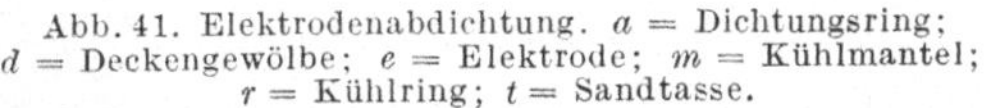

Abb. 41. Elektrodenabdichtung. a = Dichtungsring; d = Deckengewölbe; e = Elektrode; m = Kühlmantel; r = Kühlring; t = Sandtasse.

entsprechendes Gefäß mit dem Einsatz mit Kranhilfe darüber gebracht werden können. Bei der einen Form dieser Schnellbeschickung wird der Einsatz in einem Drahtnetz gefaßt und nach Lösen der Halteschlaufen in den Ofenraum gesenkt. Bei dieser Beschickung wird das Netz jedesmal mit eingeschmolzen. Eine andere Form solcher Beschickung, bei der das Gefäß nicht verloren geht, zeigt Abb. 40. Hier wird ein Greifer oder Klappkübel mit Kranhilfe über den Ofen geschwenkt und durch Aufklappen entleert. Solche Beschickung dauert wenige Minuten und erspart, wenn auch kurze Zeit das ganze Schmelzgefäß offen daliegt, mehr Wärmeverluste als bei der langer dauernden Türbeschickung.

c) *Fassung, Führung und Regelung* der Elektroden ist ein wichtiges Gebiet im Bau und Betrieb der Lichtbogenöfen. Die Kohlenstäbe, die schon bei mittleren Öfen einen Durchmesser von etwa 25···50 cm haben, müssen durch das Deckelgewölbe hindurchgeführt werden, ohne daß falsche Luft zu den Abbrandenden der Elektroden und ins Schmelzbad gelangen kann, auch Wärmeverluste durch abziehende Gase sind zu vermeiden, und schließlich muß die Abdichtung so beschaffen sein, daß sie den Kohlennachschub nicht hindert und selbst gegen hohe Wärmegrade geschützt ist. Abb. 41 stellt eine gebräuchliche Durchführungsabdichtung dar, deren Mantel und Ring durch Wasser gekühlt werden. Die *Zuführung* des *Betriebsstromes* zu den Elektroden kann bei den mittleren Lichtbogenöfen noch durch Klemmbacken geschehen, welche die

Abb. 42 Elektrodenfassung für große Drehstromofen (*SSW*.).

Kohlenstäbe umspannen und von Zeit zu Zeit entsprechend dem Kohlenabbrand wieder nach oben versetzt werden müssen. Bei den sehr großen Öfen mit Elektroden bis zu 1 m Durchmesser und mehr und Stromstärken in der Größenordnung von einigen 10000 Ampere genügen versetzbare *Klemmbacken* nicht mehr, hier muß der Strom der Kohle durch große in einem Ring zusammengefaßte *Schleifkontakte* zugeführt werden. Es muß dabei durch entsprechenden Anpressungsdruck und Kühlung für störungsfreien Betrieb gesorgt werden. Abb. 42 zeigt eine solche Elektrodenkontaktvorrichtung für einen Lichtbogenschmelzofen von 7500 kVA Anschlußwert. Die Rohrleitungen für die hydraulische Druckregelung und die Wasserkühlung sind gut zu erkennen.

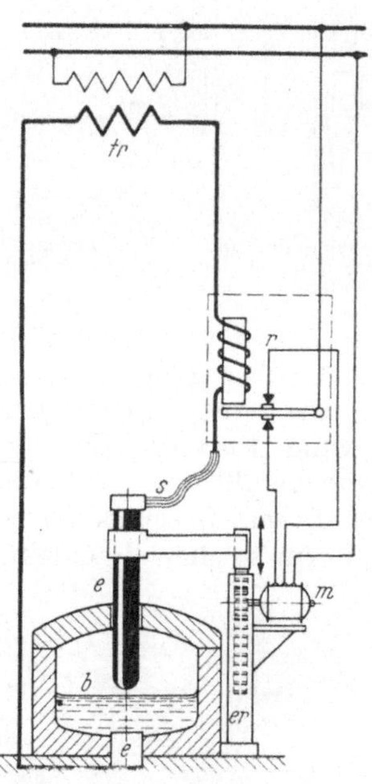

Abb. 44. Elektrostahlofen fur 7 t Einsatz
(*Demag-Elektrostahl GmbH*, Dusseldorf).

Abb. 43. Vereinfachtes Schema einer selbsttätigen Elektrodenregelung.
b = Schmelzbad; e = Elektroden; er = Elektrodenregler; m = Bewegungsmotor; r = Steuerschütz; s = Stromzuführung; tr = Ofentransformator.

Der *Abbrand der Elektroden* (je nach Größe des Ofens und Art des Betriebes zwischen 3 bis 10 kg je t Erzeugnis schwankend) bringt es mit sich, daß der Lichtbogen immer länger und schließlich bei der begrenzten Spannung des Ofentransformators abreißen würde, wenn nicht die Kohlen in geeigneter Weise nachgeschoben würden. Andrerseits bringen Unregelmäßigkeiten im Bad (besonders beim kalten Einsatz) starke Stromstöße hervor. Diese kann man durch die Wirkung einer zusätzlichen Selbstinduktion, die man in einer besonderen Drosselspule oder im Ofentransformator selbst unterbringt, dämpfen. Den *Nachschub der Elektroden* und damit Energie- und Wärmeleistung im Ofen regelt man aber durch Einrichtungen, die abhängig von Strom oder Spannung oder beiden Größen des Lichtbogens die Elektroden nach Bedarf senken oder heben. Die schweren Elektroden können dabei mechanisch durch Wasserdruck oder elektromotorisch bewegt werden. Selbstverständlich kommt bei mittleren und großen Lichtbogenöfen keine Handregelung in Frage. Der Wasserdruck oder der motorische Antrieb der Elektrodenbewegung wird durch elektrisch betätigte Ventile und Schalter gesteuert mit Hilfe sog. Relais oder Steuerschütze. Abb. 43 zeigt im stark vereinfachten Schema solche selbsttätige Elektrodenregelung. Das Steuerschütz r schließt bei zu hohem

Lichtbogenstrom einen Kontakt in dem Sinne, daß der Elektromotor m die Elektrode nach oben bewegt. Der Lichtbogen wird damit länger gezogen, die Stromstärke geht zurück, bis das Schütz den Motor abschaltet. Ist durch Abbrand der Lichtbogen zu lang, die Stromstärke zu gering geworden, so wirken Steuerschütz und Motor im entgegengesetzten Sinne. Um ein etwa mögliches hartes Anstoßen der Elektroden bei der Bewegung auszuschließen, hat manche Elektrodenführung eine Rutschkupplung.

28. Als Beispiel für mittlere und größere Lichtbogenschmelzöfen diene die Ansicht eines Hochleistungs-Lichtbogenschmelzofens für 7 t (Abb. 44).

a) In der Abb. 44 erkennen wir die besprochenen Hauptteile eines Elektroschmelzofens (er dient der Erzeugung von Edelstählen) wieder, wie z. B. die Beschickungstür, die Elektroden mit Fassung, Regelung usw. Der Ofen ist nach hüttentechnischen Gesichtspunkten so aufgestellt, daß Beschickung, Abstich und die sonst nötige Bedienung möglichst bequem sind.

Verbrauchszahlen für Elektrostahlöfen mit Lichtbogenheizung gibt die Tabelle 4, wobei flussiger und fester Einsatz unterschieden wird und der Verbrauch für das Feinen (Fertigmachen durch Raffinieren und Legieren) damit gesondert ermittelt werden kann.

Beim flüssigen Einsatz werden also erhebliche Energiemengen eingespart, desgl. auch entsprechende Zeiten an der Gesamtschmelzdauer, die bei den mittleren Öfen etwa zwischen 2 und 6 Stunden liegt. Alle Zahlen sind abgerundet und dienen nur als Anhalt.

Tabelle 4. *Stromverbrauch von Lichtbogenöfen.*

Herstellung	Fester Einsatz kWh/t	Flussiger Einsatz kWh/t
Stahl und Stahlformguß einschließlich Feinen	700···750	250
Grauguß	650···750	—
Hochwertige Stahle	800···950	450···550
Roheisen aus Erzen	2000···2500	—

b) Zu den *größten* Lichtbogenöfen gehören die zur Verhüttung von Eisenerzen dienenden. Sie sind allerdings nur dort wirtschaftlich vertretbar, wo Kohlen knapp sind, dafür aber billiger, durch Wasserkraft erzeugter Strom vorhanden ist; das trifft besonders für die nordischen Länder und Italien zu. Die Ersparnis an Kohlenstoff in den elektrisch beheizten Niederschachtöfen beträgt bis zu $2/3$ des Verbrauches in den gewöhnlichen Hochöfen; damit wird auch der Bedarf an Verbrennungsluft und der Anfall an Abgasen geringer, und die dazu nötigen Erzeugungs- und Verwertungsanlagen sind weniger kostspielig; hingegen spielen die Kosten der riesigen Elektroden natürlich wieder eine beachtliche Rolle.

Auch zum Erschmelzen anderer Metalle, z. B. Zinn, werden *Reduktionslichtbogenöfen* benutzt, desgl. zur Herstellung von Ferrolegierungen. Diese Öfen sind allerdings kleiner als die Roheisenöfen und arbeiten teilweise mit bedeckten Lichtbögen im offenen Herd (s. Abb. 12). Da sich in den Reduktionsöfen meist langdauernde und energiebindende chemische Vorgänge abspielen, so ist hier der Strom- und damit der Elektrodenverbrauch viel größer als bei den Öfen, die Stahl und Metalle umschmelzen und veredeln. Der Stromverbrauch je t Fertigerzeugnis beträgt beispielsweise bei

Zink . . . . rd. 1700 kWh

Ferrosilizium je nach Gehalt . . . . „ 6000···10000 kWh

Ferrochrom, je nach Chrom- und Kohlenstoffgehalt . „ 7000···27000 „

Andere Ferrolegierungen . . . . „ 6000···16000 „

Vergleichsweise sei hier der Energiebedarf zur Gewinnung von Aluminium aus seinen Rohstoffen angegeben, er beträgt $22000\cdots25000\,kWh/t$. Das Verfahren arbeitet zwar auch mit bedeckten Kohlenelektroden, ist aber kein rein elektrothermischer, sondern mehr ein elektrochemischer Vorgang, eine sog. Schmelzflußelektrolyse.

29. Induktionsöfen, Allgemeines. Diese Öfen, deren elektrotechnische Grundlagen in Abschn. 17 behandelt sind, weisen gewisse *Vorteile* gegenüber den Lichtbogenöfen auf. Induktionsofen und Transformator bilden eine Einheit. Die von den Kraftlinien des letzteren durchdrungenen Teile des Schmelzgutes werden gleichmäßiger erwärmt als beim Lichtbogen, örtliche Überhitzungen sind dabei ausgeschlossen, zumal das Schmelzbad durch elektrische Kräfte in Bewegung gerät und gut durchmischt wird. Die Temperaturregelung des Schmelzbades in engen Grenzen ist verhältnismäßig einfach möglich, der Wärmewirkungsgrad sehr hoch. Neben diesen allgemeinen Vorteilen hat der Hochfrequenzofen noch weitere. Die Anfertigung und Zustellung seines Schmelzgefäßes wird für einfacher gehalten als bei den anderen Hochtemperaturschmelzöfen, als einfacher Tiegel erfordert er auch weniger Arbeit in der Bedienung. Die Treffsicherheit in der Zusammensetzung von Legierungen und die weitgehende Verfeinerung (Raffinierung) des Schmelzgutes haben den Hochfrequenzofen in der letzten Zeit starke Zunahme finden lassen, während der Niederfrequenzofen für die Stahlverarbeitung etwas in den Hintergrund getreten ist. Lästig ist für Hochfrequenz die Bedingung, eine *besondere Stromquelle* mit Regeleinrichtungen zu beschaffen (ursprünglich auch für Niederfrequenzöfen nötig), welche den guten Ofenwirkungsgrad im Gesamtbetriebsergebnis natürlich wieder herabsetzt.

30. Der Niederfrequenzofen stammt bereits aus dem ersten Jahrzehnt unseres Jahrhunderts, nachdem bereits von mehreren Erfindern mannigfache Konstruktionen versucht worden waren. Er trat schon damals in der Stahlerzeugung ergänzend mit den Lichtbogenöfen in ansehnlichen Größen (bis zu 10 t Einsatz bei 750 kW Leistungsaufnahme gegenüber Lichtbogenöfen bis 12 t und 1200 kW) in Wettbewerb.

a) Das in Abb. 17 angedeutete Wesen eines Niederfrequenzofens stammt von Kjellin und ist in Deutschland u.a. von Rodenhauser (Röchling-Stahlwerke) verbessert und erweitert worden. Die Schmelzräume fielen bei seiner Bauart so aus, daß der ohmsche Widerstand mit besserem Erfolg als bei den ersten Versuchen eine unmittelbare *Widerstandsheizung* des Bades wirksam werden ließ. Abb. 45 zeigt schematisch in drei Schnitten die grundsätzliche Anordnung eines solchen Ofens für Drehstrombetrieb. Kippbewegung, Beschickung und Abstich ähneln den Einrichtungen beim Lichtbogenofen, grundsätzlich verschieden davon ist aber die Anordnung des Ofentransformators, der hier ein festeingebauter Teil des Ofens ist und wegen der Wärmebeanspruchung in Kühlung und Spulenaufbau anderen Bedingungen genügen muß als die getrennt aufgestellten Umspanner anderer Elektroöfen. Niederfrequenzöfen werden mit $25\cdots60\,Hz$ betrieben, ursprünglich verwendete man noch niedrigere Frequenzen ($5\cdots20\,Hz$), um einen brauchbaren Leistungsfaktor zu erzielen. Dazu waren natürlich besondere Stromerzeuger notwendig, später gelang dann eine Bauweise zum Anschluß an ein gewöhnliches Drehstromnetz. Die Transformatorspannung wird durch vorgeschaltete Einrichtungen geregelt und damit auch der Kraftlinienfluß und die Wärmeerzeugung. Da grobstückig in die Schmelzrinnen eingebrachter Einsatz eine elektrisch nur unzulänglich zusammenhängende Leitung bildet, die bei der im Schmelzraum entstehenden geringen Spannung nur kleinste Strom- und Wärmeerzeugung zulassen würde, so wird im praktischen Betrieb zu Beginn flüssiger Einsatz aus einem anderen Schmelzofen eingefüllt. Im fortgesetzten Betrieb wird der zusammenhängende erkaltete oder flüssige Schmelzrest (Sumpf) aus der vorhergehenden Schmelzung zum Aufheizen benutzt.

b) Neben der Verarbeitung von Stahl eignet sich der *Niederfrequenzofen* auch ebensogut für das Schmelzen und Legieren von *Nichteisenmetallen*, da hier seine Vorteile, das gleichmäßige Durchwärmen ohne örtliche Überhitzung, das Fernhalten des Luftzutrittes, die gute Durchmischung infolge der Badbewegung und die genaue Temperaturregelung von besonderer Wichtigkeit sind. Diese Metallschmelzöfen sind meist kleiner als die Elektrostahlöfen, aber es sind neuerdings schon Niederfrequenzöfen für Aluminium bis 6 t Abstichgewicht und für Kupferlegierungen

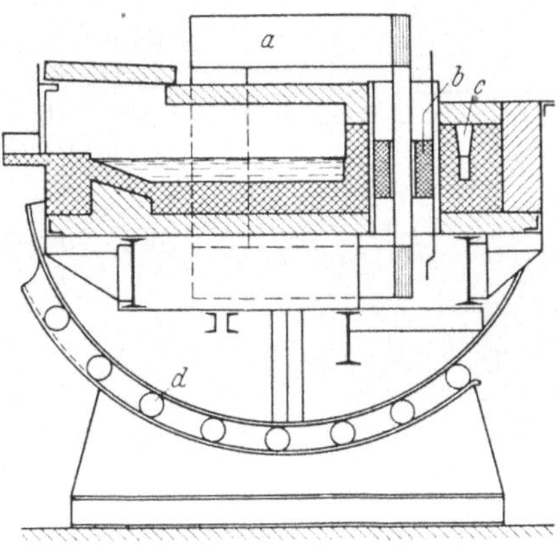

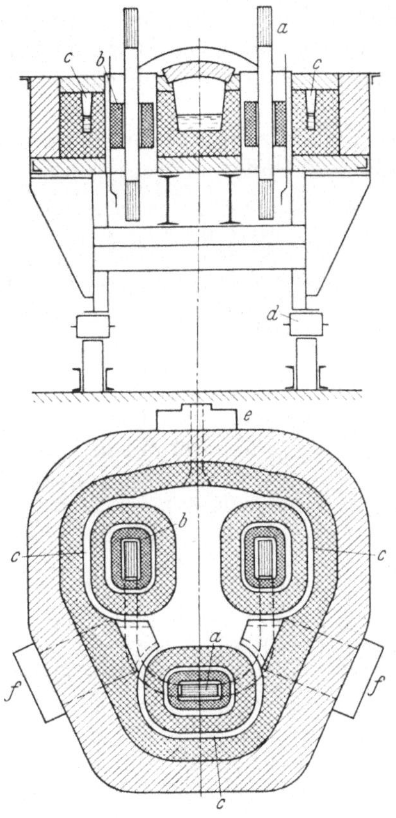

Abb. 45. Niederfrequenzofen (*Röchling-Rodenhauser*).
a = Magnetkerne des Ofentransformators; *b* = Primärspulen; *c* = Schmelzrinnen; *d* = Kippvorrichtung; *e* = Abstichloch; *f* = Turen zum Beschicken und Abschlacken.

bis 15 t Abstichgewicht gebaut worden. Als Schmelzmetalle werden Aluminium, Kupfer und Nickel und Legierungen mit Zinn, Zink, Blei, Silizium verarbeitet. Die üblichen Einsatzmengen liegen zwischen 300 und 750 kg bei Schmelzzeiten von 50···120 min und Leistungsaufnahmen von 75···150 kW. Um ein Beispiel für eine grundsätzlich andere Aufbauweise des Niederfrequenzofens zu bringen, sei hier der aus Amerika stammende, aber auch von deutschen Firmen gebaute sog. *Ajax-Wyatt*-Ofen beschrieben. Die Schmelzrinne ist hier senkrecht unter dem Bad gelagert, als einrinnig wird der Ofen auch einphasig betrieben, der Transformator hat waagerechte Magnetschenkel. Der Ofen, dessen wirksame Bestandteile in Abb. 46 gezeigt werden, ist in ein Eisengestell eingebaut, das ihn um die Ausgußschnauze kippen läßt. Auch in diesem Ofen finden die starken Badbewegungen statt. Der erste Einsatz muß flüssig erfolgen, für spätere Schmelzungen kann der Rest aus der vorhergehenden Schmelze im warmen oder eingefrorenen Zustande verwendet werden, um den nötigen Stromschluß zu bilden. Die Zustellung geschieht in zwei Teilen, der obere zylindrische Teil wird gewöhnlich aus gebrannten Formsteinen gemauert, während der untere Teil mit der engen Schmelzrinne, der sog. Bodenstein, gestampft wird. Für hochschmelzende oder sehr dünnflüssige Metalle wird die gewöhnliche Zustellung noch mit einer Schicht aus Quarzitsand überzogen, die mittels einer genau anliegenden und durch die Induktionswirkung des Ofens erhitzten Metallschablone feuerfest und dicht gebrannt wird. Diese Zustellung hält je nach der Art des bearbeiteten Metalles 500 bis 1000 Schmelzen ohne weiteres aus. Bei den Niederfrequenzmetallöfen wird übrigens neben der Bauform der senkrecht unter dem Schmelzbad liegenden Induktionsrinne auch die der seitlich vom Bad liegenden Rinne angewendet. Eine solche Bauart zeigt schematisch Abb. 47. Ihr äußeres Aussehen hat viel mit demjenigen widerstandsbeheizter Tiegelschmelzöfen gemeinsam.

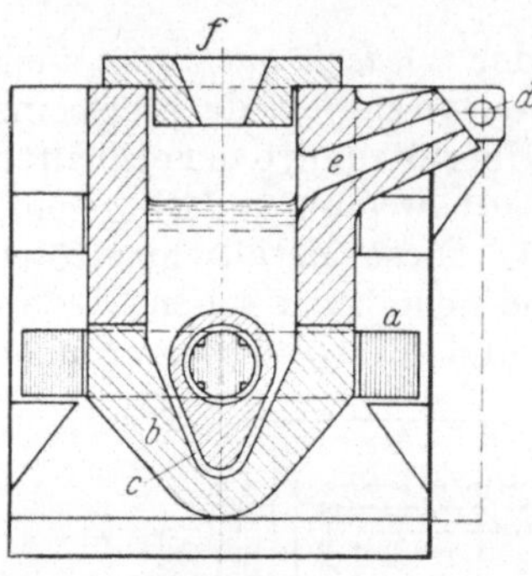

Abb. 46. Niederfrequenzofen (*Ajax-Wyatt*). a = Magnetkern des Ofentransformators; b = Bodenstein; c = Schmelzrinne; d = Achse der Kippvorrichtung; e = Ausguß; f = Beschickungsöffnung.

Als Stromverbrauchszahlen der Niederfrequenzöfen für Metalle und Gußeisen werden angegeben für

Kupfer	290···330 kWh/t		je nach
Kupfer-Nickel-Legierungen	300···400 ,,		
Bronzen	380···550 ,,		Zusammensetzung
Aluminium-Legierungen	450···550 ,,		
Gußeisen	500···600 ,,		

Die Werte liegen durchweg unter denen beim Lichtbogenmetallschmelzen, wodurch sich eben der höhere Wärmewirkungsgrad der Induktionsöfen ausdrückt.

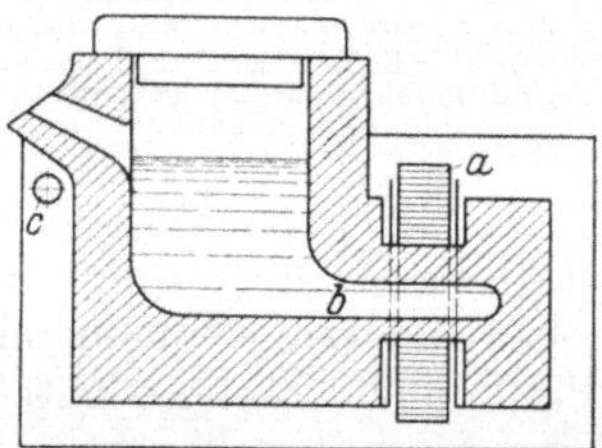

Abb. 47. Niederfrequenzofen (*SuH*). a = Magnetkern, b = Schmelzrinne, c = Kippachse.

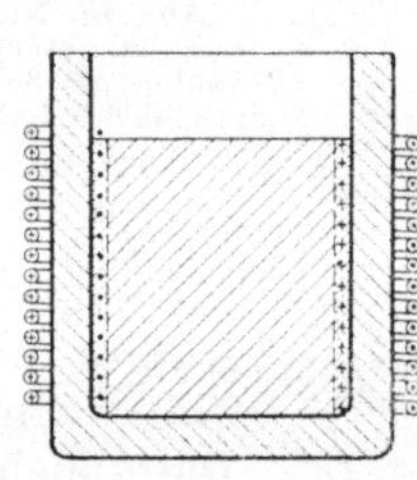

Abb. 48. Wirkungsweise des kernlosen Induktionsofens.

31. Der Hochfrequenzofen wurde in den Jahren nach dem ersten Weltkrieg entwickelt. Er hat die bekannten Vorteile des Niederfrequenzofens und ist außerdem infolge der sehr schnellen Schwingungen des elektromagnetischen Feldes in der Lage, auf eine als Spulenwindung nötige Schmelzrinne zu verzichten. Vielmehr kann der metallische Einsatz in einem feuerfesten, nichtleitenden Tiegel bequem eingebracht und bedient werden (Abb. 18).

a) Die den Schmelztiegel umgebenden Hochfrequenzwindungen erzeugen ein *Wechselfeld*, das schnell schwingende elektromagnetische Feld erzeugt eine *Strahlung* welche die Außenfläche des Einsatzes trifft (Abb. 48) und sich dort in einer mehr oder weniger dünnen Schicht (je nach Frequenz, Metallart und Temperatur) in JOULEsche Wärme umsetzt; in das Innere des Schmelzbades dringt die Strahlung nicht (Hautwirkung, Skineffekt). Trotzdem ist die Durchmischung des Bades auch bei Hochfrequenzöfen sehr gut, denn durch die elektromagnetische Wirkung und die Temperaturunterschiede in den verschiedenen Schichten wird eine starke Bewegung der Flüssigkeit hervorgerufen, und zwar um so mehr, je niedriger die Frequenz und der spezifische Widerstand des Schmelzgutes ist (Abb. 49). Die sehr hohe Frequenz des magnetisierenden Stromes, die in kleineren und in Laboratoriumsausführungen bis über 100000 Hz steigt, in den industriell verwendeten Öfen aber auf höchstens 20000 Hz beschränkt wird, muß nach anderen Grundsätzen bewertet und rechnerisch berücksichtigt werden als die übliche Niederfrequenz von 50 Hz. Die Verwendung hochfrequenter Wechselströme schließt die Anwendung von Eisenkernen, die bei den Niederfrequenzöfen zur Ausbildung eines starken magnetischen Feldes nötig sind, aus, da in diesem Falle die Selbstinduktion der erregenden Spule einen praktisch unzulässig kleinen Leistungsfaktor hervorrufen würde. Die Hochfrequenzöfen werden daher auch *kernlose Induktionsöfen* genannt. Eine andere Bedingung, die der Gebrauch der Hochfrequenzöfen auferlegt, ist die Beschaffung eigener Stromumformungsanlagen, da ja Frequenzen über 50···60 Hz, zumal in einphasiger oder zweiphasiger Schaltung, von den Stromversorgungsunternehmungen nicht geliefert werden. Die Frequenz eines kernlosen Induktionsofens wird nach Größe und Art des Einsatzes oder, was dem entspricht, nach der Anschlußleistung gewählt, dabei können diese Zahlen in weiten Grenzen (250···20000 Hz) schwanken. Im allgemeinen sucht man mit möglichst niederen

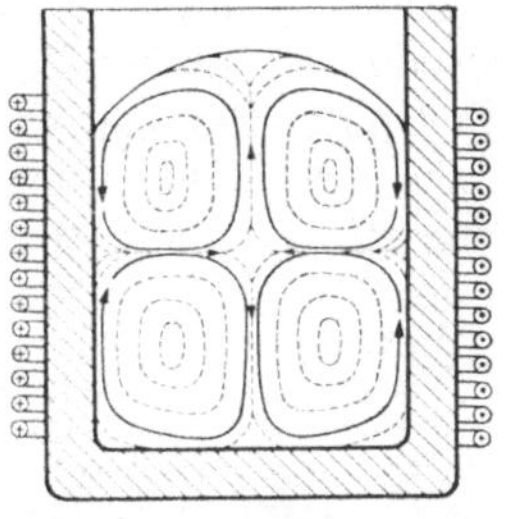

Abb. 49. Badbewegung des kernlosen Induktionsofen.

Frequenzen auszukommen, wenn damit auch die Unruhe in der Badbewegung steigt.

b) *Erzeugt werden die schnellschwingenden Wechselströme* — abgesehen von den kleinen Laboratoriumsöfen — jetzt ausschließlich durch besondere *Generatoren*, die durchweg von Elektromotoren normaler Frequenz angetrieben werden; deshalb kann man einen solchen Maschinensatz als *Frequenzumformer* bezeichnen. Die Umformungsverluste dieses für den Hochfrequenzofen nötigen Zubehörs setzen natürlich seinen Gesamtwirkungsgrad gegenüber dem Niederfrequenzofen erheblich (etwa um 15···20%) herab. Der Ausfall an Elektrowärmeausnutzung wird aber durch andere wesentliche Vorteile in der Beschaffung der Zustellung und Behandlung der Metalle mehr als wett gemacht. Als weiteres Zubehör wird für den Hochfrequenzofen eine Vorrichtung zur Verbesserung des schlechten Leistungsfaktors benötigt. Da ein Eisenkern, der bei Niederfrequenz die Entwicklung eines starken magnetischen Feldes begünstigt, bei Hochfrequenz *nicht* angewendet werden kann, muß ein sehr starker Magnetisierungsstrom durch die kernlose Induktionsspule hindurchgeschickt werden. Reine Magnetisierungsströme sind wattlos, d.h. sie haben einen Leistungsfaktor $\cos \varphi = 0$. Wie wir in Kap. I C sahen, ist es möglich, die phasenverschiebende Wirkung einer magnetisierenden Spule durch die in entgegengesetzter Richtung verschiebende Wirkung eines Kondensators auszugleichen; Selbstinduktion und Kapazität heben sich gegenseitig auf. Solche *Kondensatoren* bestehen aus Metallbelägen von großer Oberfläche, die durch elektrisch isolierende Schichten voneinander getrennt in Zylinder- oder Plattenform zusammengebaut sind. Der Wechselstrom, der in diesen Belagen der Kondensatoren im Takt der Frequenz zu- und abfließt, ist wie der Magnetisierungsstrom theoretisch wattlos; praktisch sind jedoch gewisse Energieverluste im Kondensator vorhanden. Sie bringen eine Erwärmung mit sich, die durch Luft- oder Wasserkühlung wieder abgeführt werden muß. Die zum Betrieb einer Hochfrequenzofenanlage nötige Kondensatoreneinrichtung bis zu vielen tausend kVA Anschlußwert ist daher technisch und wirtschaftlich bedeutsam. Die zur Verbesserung des Leistungsfaktors (von 0,1 auf 1,0) benutzten, nach der Ofengröße zu bemessenden Kondensatoren können zur Regelung stufenweise nach Bedarf in Reihe oder nebeneinandergeschaltet werden. Sie sollen zur Verringerung der Stromverluste möglichst dicht am Ofen aufgestellt werden.

c) Die *Hauptbestandteile* des Hochfrequenzofens selbst sind *Induktionsspule* und *Tiegel*. Spulen, die von hochfrequenten Wechselströmen durchflossen werden, können praktischerweise nicht aus massivem Kupferdraht gewickelt werden, da die bei Hochfrequenz unvermeidbare Erscheinung der Stromverdrängung (Hautwirkung) den Strom doch nur in geringer Tiefenschicht auf der Oberfläche fließen läßt. Man wählt daher als Spulendraht Kupferrohre ovalen oder rechteckigen Querschnittes, die gleichzeitig den großen Vorteil mit sich bringen, daß sie mit durchfließendem Wasser gekühlt werden können. Strom- und damit Wasseranschlüsse solcher Spulen können unterteilt werden. Die Betriebsspannungen für die Spulen liegen etwa zwischen 100···3000 Volt. Abb. 50 zeigt die *Induktionsspule* eines 6-t-Hochfrequenzofens, sie hat bei einem Innendurchmesser von 1160 mm eine Höhe von 1230 mm und einen Kupferquerschnitt von 60×61 mm. Die Bauweise der Spule, die ja gleichzeitig Trägerin des Tiegels ist, macht sie mechanisch und elektrisch fest und widerstandsfähig gegen die Wärmebeanspruchungen. Die sonstigen zum Aufbau des Ofens dienenden Metallteile müssen gegen die Wirkung der Hochfrequenzstrahlung natürlich gut abgeschirmt sein.

Abb. 50. Spule eines 6 t-Hochfrequenzofens (*SSW.*).

Die *Schmelztiegel* der Hochfrequenzöfen sind entweder fertiggeformt in die Spule einzusetzen oder sie werden, wie das bei mittleren und größeren Öfen bevorzugt wird, innerhalb der Spule aufgebaut und ihre Zustellung aufgestampft, wobei ein Bodenstein Spule und Tiegel tragt. Als Baustoffe kommen Dolomit, Magnesit, Ton, Kalk, Klebesand u. ä. in Frage. Die Tiegel der Hochfrequenzöfen, die nach verschiedenen Verfahren gestampft, gebrannt und gehärtet werden (z. B. im sog. Frittverfahren), halten etwa 50···100 Schmelzungen aus, wenn auch in gewissen Fällen durch die Badbewegung starke Schlackenangriffe gegen die Tiegelwandungen ausgeübt werden, die durch besondere Maßnahmen bekämpft werden müssen. Alles in allem ist aber die Herstellung und Bedienung der Hochfrequenztiegel einfacher, zeitsparender und damit wirtschaftlicher als bei den anderen Schmelzöfen, so daß der kernlose Induktionsofen weitere Anwendungsgebiete über die Verarbeitung von Stahl, Kupfer und Nickel hinaus erobert, so z. B. Leichtmetall, Wolframkarbid, Bleibronzen usw. Auch das immer bedeutungsvoller werdende Metall *Titan* wird mit Vorteil im Induktionsofen erschmolzen.

An Stromverbrauchszahlen für die Erschmelzung von Edelstählen mittels des Hochfrequenzverfahrens werden angeführt:

> vom kalten Einsatz bis zum Schmelzen . . . . . 550···650 kWh/t
> für das Feinen bis zum Enderzeugnis . . . . . . 200···250 kWh/t

hierbei gelten Einsätze von 250···500 kg bei Schmelzungsdauern von 70···120 min.

Bei größeren Einsätzen geht der Verbrauch für das Fertigerzeugnis auf 600 bis 700 kWh/t herunter bei Schmelzdauern von 2···4 Stunden.

Trotz der großen Vorteile der Hochfrequenzinduktionsöfen wäre es wünschenswert, gewisse Nachteile wie die ungewöhnliche Stromversorgung (einphasige Hochfrequenz) und die für die Schlackenarbeit ungünstige Badabmessung (kleine Oberfläche, große Tiefe) und die damit zusammenhängende starke Abnutzung der Tiegel zu umgehen. Die Bestrebungen, Induktionsöfen mit Stahltiegel dreiphasig an das normale Drehstromnetz von 50 Hz anzuschließen, haben bereits Erfolg gezeitigt.

32. Widerstandsschmelzöfen sind entsprechend der beschränkten Temperatur, die man mit metallischen Heizleitern erzeugen kann, auch in der Verwendung eingeengter als Lichtbogen- oder Induktionsöfen. Praktisch werden sie nur für Metalle mit einem Schmelzpunkt bis zu etwa 800° C angewendet. Auch die keramischen Heizleiter Silit und Globar lassen keine höheren Schmelztemperaturen zu. Graphit kann allerdings in der Form von Tiegeln, Röhren oder Stäben, die unmittelbar vom Strom durchflossen werden, viel höhere Temperaturen (2500° C) ertragen, so daß er für alle schmelzbaren Metalle verwendbar ist. Genannt sei hier der *Hochtemperatur-Universalofen* nach NERNST-TAMMANN (Hersteller Ruhstrat, Göttingen), ein Kohlerohr-Kurzschlußofen. Das an beiden Enden verschließbare, senkrecht angeordnete Kohlerohr wird von einem starken Strom niedriger Spannung durchflossen und nimmt Temperaturen bis über 3000° an. Das Rohr selbst oder ein hineingesetzter Tiegel aus geeignetem feuerfestem Werkstoff nimmt das Schmelzgut auf. Ursprünglich für Laboratorien bestimmt, werden diese Öfen heute auch für industrielle Zwecke mit einem nutzbaren Fassungsvermögen von 40 bis 8000 cm³ gebaut (Rohr-Durchmesser 20/30 bis 165/189 mm). Zur Beheizung dient ein Transformator für einphasigen Wechselstrom. Man schmilzt darin Metalle, schwer

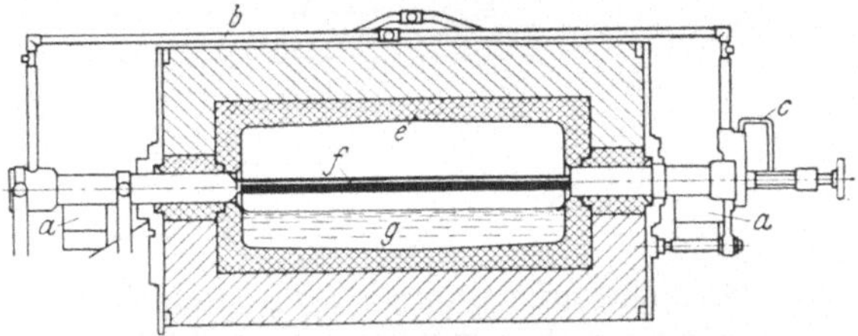

Abb. 51. Kohlenstabschmelzofen im Schnitt (*Junker*).
a = Stromzuführung; *b* = Kühlwasserleitung; *c* = Griff zum Herausziehen des Kohlenstabes; *e* = feuerfeste Auskleidung; *f* = Graphitstab; *g* = Schmelzbad.

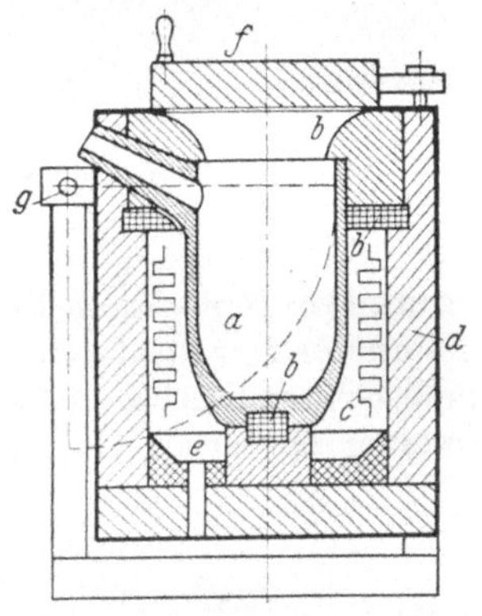

Abb. 52. Schmelztiegel-Widerstandsofen. *a* = Schmelztiegel; *b* = Haltesteine; *c* = Heizleiter; *d* = Wärmeschutz; *e* = Wanne und Abfluß beim Undichtwerden; *f* = Beschickungsöffnung; *g* = Kippachse.

schmelzbare chemische Verbindungen, Hartmetalle, Glas, Emaille, Silikate. Sonderverschlüsse ermöglichen das Schmelzen unter Schutzgas, unter Druck und unter Vakuum. Einen Kohlenstabofen in Trommelform mit gekühlten Stromanschlüssen zeigt im Schema Abb. 51. Durchweg kommt aber für die Schmelzöfen die Widerstandserhitzung mit metallischen Heizkörpern in der *mittelbaren* Form vor, d. h. der zu schmelzende Einsatz wird selbst *nicht* vom Strom durchflossen; für diese mittelbare Erhitzung gibt es zwei Ausführungsarten, den Tiegelofen und den Herdofen.

a) Der *Tiegelofen* wird meist für kleinere Einsätze benutzt, sein Tiegel besteht je nach Art und Schmelzpunkt des zu verarbeitenden Metalls aus Eisen oder einem keramischen Stoff, meistens Graphit. Die Heizleiter sind seitlich um die Tiegelwandung herumgelegt. Der Ausguß ist so angebracht, daß der Gießstrahl beim Kippen des Tiegels eine bestimmte Lage im Raum beibehält, was beim Gießen bequem ist und Metallverluste vermeidet. Abb. 52 zeigt im Querschnitt einen Graphittiegelofen mit auswechselbaren Heizwiderständen. Für den Fall, daß der Tiegel zerbricht, ist eine Ablauföffnung für das flüssige Metall vorgesehen, so daß die Heizkörper nicht beschädigt bzw. kurzgeschlossen werden können. Der Ofen hat bei einem Fassungsvermögen von 50 kg Aluminium einen Anschlußwert von 25 kW, stündlich können mit ihm 25 kg mit einem Stromverbrauch von 700 kWh/t geschmolzen werden. Die äußere Ansicht solcher Tiegelschmelzöfen vermittelt Abb. 53. Es handelt sich hier um einen Widerstandsofen mit eisernem Tiegel für Schmelztemperaturen unter 600° C, also für Lager- und Weißmetall, Blei, Zinn u. a. mit 42 kW Anschlußwert. Gekippt wird er durch Motorenantrieb. Der Tiegelofen ist wegen seiner Handlichkeit und einfachen Bedienung beliebt für Metallgießereien, Druckereibetriebe und Unterhaltungswerkstätten.

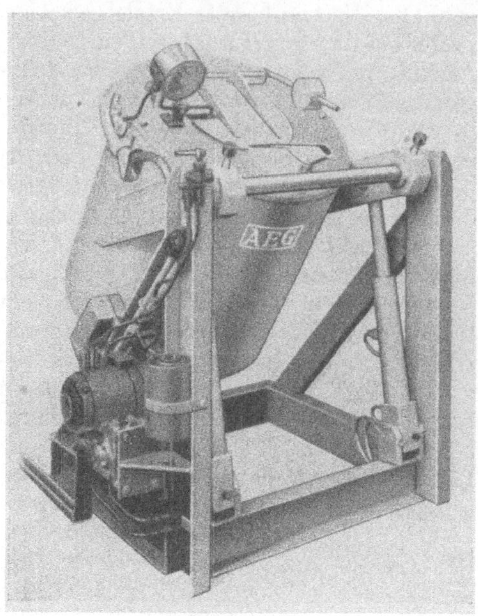

Abb. 53 Widerstandsschmelzofen mit Kippvorrichtung (*AEG.*)

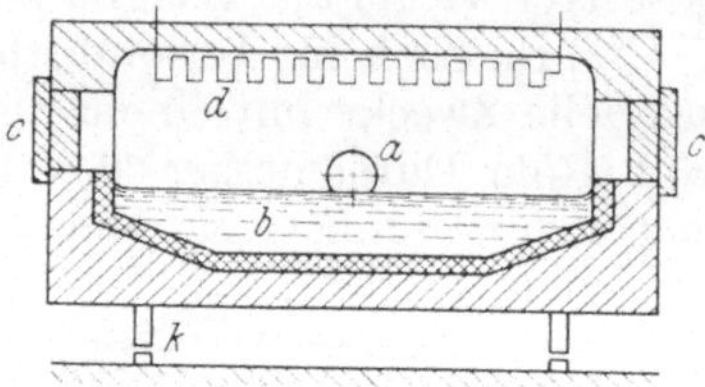

Abb. 54. Herdofen im Schnitt. a = Ausgußöffnung; b = Schmelzbad; c = Beschickungstüren; d = Deckenheizung; k = Kippvorrichtung.

b) Der *Herdofen* in der Form der Badbeheizung durch Widerstandselemente, die an der Herddecke angebracht sind und das Schmelzgut von oben durch Strahlung erhitzen (Abb. 54), hat für die Leichtmetallverarbeitung, besonders für das in einer modernen Metallbewirtschaftung so wichtige Aluminium und Magnesium und ihre Legierungen, eine große Bedeutung erlangt, sofern die Einsatzmengen die Leistungsfähigkeit des Tiegelofens überschreiten, also von 500···1000 kg aufwärts. Da Aluminium im flüssigen Zustand gern wasserstoffhaltige Gase aufnimmt, die beim Erstarren unter Blasenbildung wieder ausgeschieden werden, so kommt eine sehr reine Ofenluft für dies Metall in Frage. Die Temperatur muß in engen Grenzen genau eingehalten werden, damit nach unten die beste Gießwärme nicht unterschritten, nach oben aber die eben erwähnte Gasaufnahme nicht gesteigert wird. Diesen Bedingungen entspricht ausgezeichnet der Herdofen mit gemauerter Wanne, gut abdichtbaren Beschickungs- und Ausgußöffnungen und Deckenbeheizung, der wie die meisten Widerstandsöfen

Abb 55 Elektrischer Herdschmelzofen (2,5 t Inhalt) für Aluminiumlegierungen (*Junker*).

mit einer genau arbeitenden selbsttätigen Temperaturregelung versehen ist. Die
Öfen können feststehend oder kippbar eingerichtet werden. Abb. 55 zeigt die
Ansicht eines großen kippbaren Herdschmelzofens für Aluminiumlegierungen mit
einem Fassungsvermögen von etwa 2500 kg. Der Stromverbrauch liegt beim Einschmelzen von Aluminiumlegierungen aus Rohmasseln und Schrott etwa bei
600 kWh/t. Bei stark verschmutztem Einsatz muß das Einschmelzen unter einer
Salzdecke erfolgen, die leichtflüssig der Reinigung des Metalles dient. Übrigens
muß ein solches Reinigungssalz nicht nur als Schutzdecke, sondern auch als Durch-
rührmittel bei Magnesium (Elektron) immer verwendet werden. Dies Metall wird
am besten in kleineren eisernen Tiegelöfen verarbeitet bei einem Stromverbrauch
von rund 800 kWh/t. Die Gießtemperaturen der Leichtmetallegierungen liegen
zwischen 700 und 800° C.

c) Weitere Widerstandsschmelzöfen für Metalle kommen in *Sonderausführungen*
in Frage, z. B. um in größeren Wannen flüssige Zinn- und Zinkbäder zu erhalten,
die zum Überziehen von Rohren, Stangen und Drähten (s. Abb. 25) mit diesen
Metallen dienen. Die Rohre werden dabei absatzweise getaucht, während Drähte
in ununterbrochenem Lauf durch das Bad gezogen werden. Solche Öfen müssen
bei großen Leistungen die Temperaturen, die nach Art des Metalles und des Be-
triebsvorganges zwischen 300 und 500° C liegen, sehr genau innehalten; das geschieht selbsttätig. Blei wird in Widerstandsöfen besonderer Bauart geschmolzen,
z. B. für Bleipressen und für Bleibäder zum Glühen von Werkzeugstählen. Die
Wannen und Tiegel für solche Blei-, Zink- und Zinnschmelzbäder bestehen aus
Eisen und werden durch seitlich oder unter ihnen angebrachte Widerstandskörper
beheizt.

B. Glühöfen.

33. Allgemeiner Überblick. Wohl die mannigfaltigste Anwendung der Elektrowärme weisen die *Glühöfen* auf, was schon die Vielheit ihrer Bauarten bezeugt. In
der Eisen- und Metallindustrie haben sie wohl ihr ausgedehntestes Verwendungs-
gebiet. Für folgende Gruppen der Metallbearbeitung kommen sie besonders in Frage:
Anwärmen und Warmhalten für nachfolgendes Schmieden, Walzen, Pressen,
Ziehen;

Glühen zum Härten, Anlassen, Vergüten, Zementieren, Tempern, Altern;
Glühen zum Enthärten, Weichmachen, Entspannen, Normalglühen;
Blankglühen, Blankhärten;
Emaillieren und Trocknen.

Ihre Entwicklung hat erst 1920 Fortschritte gemacht, und besonders im letzten
und vorletzten Jahrzehnt haben sie sich außerordentlich ausgebreitet, nachdem
man das Vorurteil der zu hohen Kosten für die Elektrowärme durch die guten
Erfahrungen mit den Vorteilen der elektrischen Glühöfen überwunden hatte.
Besonders muß hervorgehoben werden, daß man mit der Elektrowärme die nötige
Temperatur mit den geringsten Verlusten und unmittelbar am Werkstück erzeugen kann, daß man sie gleichmäßig und genau regelbar auf den Einsatz wirken
lassen kann. Bei unseren hochwertigen Stählen und Metallen ist das genaue Innehalten der vorgeschriebenen Temperaturen von großer Bedeutung. Ferner ist es
leicht möglich — ebenfalls wichtig für die Güteerhaltung des Einsatzes —, eine
reine oder eine bestimmt zusammengesetzte Ofenatmosphäre (Schutzgas) aufrechtzuerhalten. Abbrand, Verzundern und Verglühen wird damit gering gehalten.
Neuerdings ist sogar ein Verfahren entwickelt worden, hochempfindliches Glühgut im Vakuum zu glühen, zu welchem Zweck besondere Einsatztöpfe mit dem
Glühgut hochevakuiert und dann in den Schachtglühofen eingesetzt werden.

Die Bedienung der Elektroöfen ist sauber und einfach, es sind keine festen oder flüssigen Brennstoffe vorhanden, Schmutz, Schlacke, Rauch und Abgase entfallen gänzlich. Der Platzbedarf ist gering, da Verbrennungsanlagen mit ihren Vorratsräumen für Brennstoffe nicht benötigt werden. Einfachheit, Bequemlichkeit und Sauberkeit des Betriebes erhöhen die Freude am Werk und dürfen heutzutage eine besondere Wertschätzung beanspruchen. Daß Elektroglühöfen leicht instand zu setzen und zu erhalten sind, erhöht ihre Wirtschaftlichkeit (Kap. V). Wegen aller dieser Vorteile vermehrt sich der industrielle Elektroglühofen sehr schnell. Verwendungszweck und Bauart sind nicht geeignet, bei den Glühöfen eine klare Ordnung zu schaffen (s. S. 14, 15), da manche Ofenart verschiedene Verwendungen zuläßt und mancher Verwendungszweck, z. B. Weichglühen, in verschiedenen Ofenarten erreicht werden kann. Es empfiehlt sich vielmehr unter dem Gesichtswinkel des Werkstattbetriebes, die verschiedenen Öfen nach ihrer *Betriebsweise* zu betrachten, und zwar einmal als Öfen mit stehendem (ruhigem) Einsatz und zweitens mit durchlaufendem (wanderndem) Gut; bei beiden Ofenarten wird dabei zusätzlich die Betrachtung auf den Zustand der Ofenatmosphäre auszudehnen sein, ob sie stehend oder ziehend (bewegte Umluft) und ob sie aus gewöhnlicher Luft oder einem besonders zugeführten Schutzgas besteht. Zum Schluß werden die Salzbadöfen behandelt. Selbstverständlich wird bei dieser Anordnung, die mehr die Geräteseite berücksichtigt, der Verwendungszweck nicht vernachlässigt werden. Wenn es auch unmöglich ist, Glühöfen nach ihrer Größe einzuteilen (es gibt Glühofenanlagen bis 2500 kW Anschlußwert und 70 m Länge), so sollen doch hier innerhalb der Abschnitte zuerst die kleineren, dann die größeren Ausführungen behandelt werden.

34. Glühöfen für stehenden Einsatz. a) Für viele Zwecke in Wissenschaft und Technik haben sich die *Rohröfen* bewährt, deren Heizraum durch ein Rohr aus hochfeuerfester keramischer Masse gebildet wird. Auf diesem liegt in schraubenförmigen Windungen die Heizleiterwickelung, die für Temperaturen bis 900° C aus eisenfreiem Chromnickeldraht, für Temperaturen bis 1300 bzw. 1400° C aus Platin oder Platinlegierung in Bandform besteht. Die beheizten Räume werden im Durchmesser bis zu 80 mm und in der Länge bis zu 600 mm hergestellt. Ein Rohrofen (Abb. 56) ist zum Aufklappen eingerichtet und für Zerreiß- und Dauerstandsversuche bestimmt. Die Größe des Heizraumes hat 5 mm l. W. und 350 mm Länge. Die Heizwickelung besteht für 600°C aus Chromnickeldraht, für 800° C aus Platindraht, sie ist in die keramische Masse eingebettet. Seitliche Kanäle ermöglichen die Einführung von Thermoelementen zur Temperaturmessung.

Abb. 56. Rohrofen für Metalluntersuchung
(*Heraeus, GmbH* Hanau).

b) Eine handliche, viel verwendete Form von Glühöfen ist die des *Muffel-* oder *Kammerofens*, von der Abb. 57 eine grundsätzliche Anordnung wiedergibt. Der Glühraum ist im Längs- und Querschnitt meist rechteckig und bietet bei den kleineren Muffelöfen etwa Inhalte von 150···500 Litern, bei den größeren Kammeröfen bis zu einigen Kubikmetern. Bei den kleineren und mittleren Öfen werden oft mehrere Glühräume in einem Ofen vereinigt, etwa zwei übereinandergelegene oder noch mehr nebeneinandergelagerte, damit Vorwärmen und Hauptglühen oder mehrere gleichartige Glühvorgänge gleichzeitig vorgenommen werden können. Der Glühraum wird durch eine Tür abgeschlossen, die zum Heben oder zum Drehen um die Ober- oder Unterkante eingerichtet ist, auch Doppeltüren zum Heben oder Schieben werden angewendet. Für Temperaturen von 500···1100° C werden metallische Heizleiter verwendet, die entweder in die Muffeln eingebettet sind oder aber als aufgehängte Drahtwendeln oder freistehende Felgen eingebaut werden.

Die Heizleiter werden in Decke und Seitenwände eingebaut, bei größeren Heizleistungen auch in die Rückwand und sogar in die Tür. Bei Glühtemperaturen bis zu 1350° C ist man auf keramische Heizkörper (Silit- oder Globarstäbe) angewiesen. Die Heizung wird entweder feinstufig oder grobstufig, von Hand oder selbsttätig geregelt. Es kommen alle Stromarten und Spannungen bis zu 500 Volt in Frage bei Anschlußleistungen von einigen wenigen bis zu 200 und 300 kW. Der Leerwert (s. S. 17) sinkt dabei von etwa 30% bei kleinen Öfen auf 8% bei großen. Als Beispiel zeigt Abb. 58 einen Doppelkammer-Härteofen (950 bzw. 1350° C) mit bequemen Schiebetüren und elektrischem Temperaturregler. Diese Öfen haben bei 72 l Kammerinhalt einen Anschlußwert von 20 bzw. 40 kW. Die Verwendung der Muffel- und Kammeröfen in der Metallindustrie erstreckt sich auf das Glühen, Härten, Anlassen,

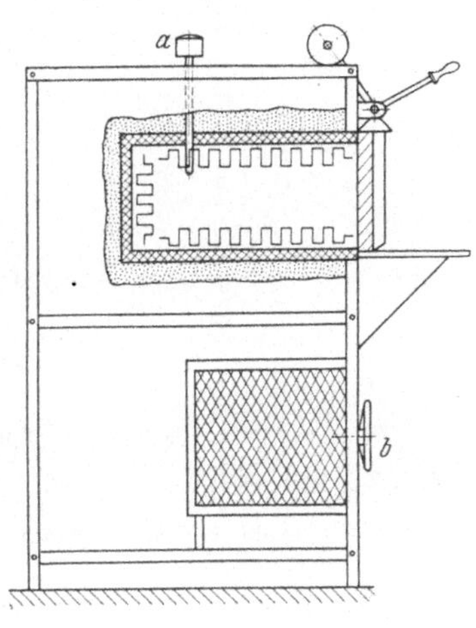

Abb. 57. Kammerofen, Schema.
a = Wärmemesser; b = Wärmeregler.

Vergüten von Werkzeugen aller Art, Nadeln, Federn, kleinen Maschinenteilen, Kugeln und Kugellagern, Wärmen von Schmiedeteilen und Walzgut, Emaillieren, Einbrennen von Farben usw. Zur Erleichterung der Beschickung und Entleerung haben einige Muffel- und Kammeröfen einfache mechanische Vorrichtungen erhalten. Bei Emaillier-

öfen werden stets Beschickungsmaschinen verwendet, weil der meist kleinstückige Einsatz vorher kunstgerecht aufgebaut sein muß. Zum Emaillieren eignet sich ein größerer Kammerofen (2,5···4 m³ Inhalt) sehr gut, da er bequem allseitige Heizung zuläßt, hier kommt es besonders auf die Bodenhitze an. Temperaturen werden, je nachdem Gußeisen oder Stahl zu verarbeiten ist, zwischen 680 und 850° C benötigt. Das Brenngut liegt im Ofen auf einem Rost, der entweder dauernd darin bleibt oder von Beschickung zu Beschickung gewechselt wird oder es wird an Gerüsten hangend gebrannt. Wegen der Wärmewirtschaftlichkeit wird der Dauerrost bevorzugt, da ohnehin beim Emaillieren die Wärmeverluste schon groß genug sind (etwa 40%). Übliche Ofengrößen

Abb 58 Doppelkammerhärteofen,
20 u. 40 kW (*AEG.*).

setzen etwa 300 bis 700 kg Emailliergut in der Stunde bei 125···220 kW Leistungsaufnahme durch, wobei 10···20 Beschickungen (Schübe) erfolgen. Der Stromverbrauch beträgt 200 bis 350 kWh/t Emailliergut, je nach Dicke des Überzuges.

c) Werden die Kammeröfen noch größer, besonders länger, weil das Glühgut, Stabstahl, Röhren, Langbleche u. a. es verlangt, so nennt man sie, weil in diesem

Fall der schwere Einsatz nicht mehr in den Ofen hineingelegt werden kann, sondern auf Wagen hinein- und hinausgefahren werden muß, *Wagenöfen* (vgl. Abb. 26). Solch ein Wagen bildet dann gleichzeitig den Boden des Ofens und ist in vielen Fällen selbst mit elektrischer Heizung versehen. In Abb. 59 sehen wir einen Wagenofen von 2,6 m Tiefe; er dient zum Glühen (950° C) von großen Werkstücken. Einschließlich des beheizten Beschickungswagens beträgt der Anschlußwert 200 kW.

Abb 59. Wagengluhofen 200 kW (*AEG*)

Dieser Ofen kann auch mit Luftumwälzung bei 500 °C betrieben werden. Auch zum Wiederabkühlen der geglühten Stähle werden solche Tunnel- oder Wagenöfen benutzt, sie sind dann bei entsprechender Länge durch Wärmeisoliertüren in verschiedene Abteilungen unterteilt, so daß der Einsatz auf demselben Wagen nacheinander angewärmt, geglüht und abgekühlt werden kann; die Wagenkette rückt absatzweise durch den Ofen, wobei immer ein draußen befindlicher Wagen wieder neu beladen wird. Bei der Verarbeitung von langen Stangen, Röhren u. dgl. (bis zu 10 m Länge) werden ebenfalls Wagen zum Einsatz verwendet, bei Metallen (Kupfer, Messing, Aluminium) benutzt man auch Einsatzgestelle, die in den Ofen hineingeschoben werden. Bei

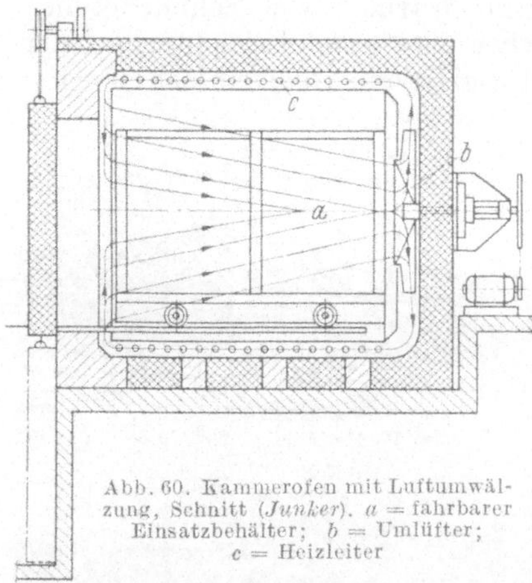

Abb. 60. Kammerofen mit Luftumwälzung, Schnitt (*Junker*). *a* = fahrbarer Einsatzbehälter; *b* = Umlüfter; *c* = Heizleiter

dem Hantieren mit diesem Einsatz, der gewendet und gezogen werden muß, ist Vorsorge zu treffen, daß die offenliegenden, Spannung führenden Heizleiter nicht berührt werden können. In langen Kammeröfen sind die Heizdrähte in Gruppen unterteilt, damit man die einzelnen Zonen entweder auf gleichmäßige oder verschiedene Temperaturen einstellen kann.

d) Das Bestreben, die Warme besser zu übertragen und gleichmaßiger zu verteilen, hat in den letzten Jahren immer mehr zur Entwicklung der sog. *Umluftöfen* geführt. Da die Wärme bei niederen Glühtemperaturen (300···500° C) durch Strahlung und natürliche Luftbewegung nicht sehr wirtschaftlich übertragen und das Glühgut in langen Öfen und bei ungünstig geschichtetem Einsatz nicht genügend gleichmäßig erwärmt wird, so wälzt man zum besseren Wärmeaustausch die Luft des Glühraumes künstlich um. Zu diesem Zweck entzieht man das Glühgut der unmittelbaren Strahlung der Heizträger und bringt diese in Kanälen oder Schlitzen an, durch welche von einem Fliehkraftlüfter ein kräftiger Luftstrom bewegt wird, der dann entsprechend hoch erhitzt in passenden Austrittsöffnungen auf das Glühgut trifft und es wärmeabgebend umwirbelt. Dies Luftumwälzverfahren kann bei allen Ofenarten und für alle Metalle verwendet werden, es kann auch Schutzgas umgewälzt werden.

Außer der gleichmaßigeren Warmeubertragung (unter Umstanden nur ½% Temperaturunterschied im Glühraum) und der damit zusammenhängenden Warme- und Zeitersparnis ist auch besonders der metallurgische Einfluß, zumal bei Leichtmetallen, günstiger. Wo Umluft bei den verschiedenen Ofenarten in Frage kommt, wird an der betreffenden Stelle erwähnt werden: hier zeigen wir zunächst für die besprochene Bauart der Kammeröfen in Abb. 60 eine Umwalzeinrichtung. Der gut wärmegeschützte Lüfter liegt an der Hinterwand des Gluhraumes und treibt die Luft durch blechabgedeckte Kanäle, in denen freiliegende Heizwendeln angebracht sind, so daß sie von der Turseite das Einsatzgut beaufschlagt. Da die Ofenwandung wie auch die Luftkanäle aus Blech bestehen, so kann für die Wärmedämmung hochwertiges Isolierpulver benutzt werden. Auch für lange Tunnelöfen wird Luftumwälzung angewendet.

Abb 61 Versenkter Schacht- (Tief-) Oten (*AEG*)

c) *Schacht- und Muldenöfen* sind eine weitere vielbenutzte Form der Glühöfen. Kennzeichnend für sie ist die oben liegende Beschickungsöffnung. Die Hauptachse des Glühraums liegt bei den meist zylindrischen Schachtöfen senkrecht, bei den meist rechteckigen Muldenöfen waagerecht. Schacht- und Muldenöfen kommen in allen Abmessungen vor, langgestreckt für Stangen, Wellen, Rohre, tiegelförmig für kleinstückige Teile, Werkzeuge, Maschinenteile, Band- und Drahtringe usw. Alle Temperaturen, Metallarten und Behandlungsweisen können in diesen Ofenarten zur Geltung kommen. Große Schachtöfen zum Verguten von langen Wellen und Rohren werden zur bequemeren Bedienung in die Erde eingebaut, ahnlich wie der Ofen Abb. 61, der 8 m tief ist und für eine Höchsttemperatur von 950° C 500 kW Leistung aufnimmt. Einen freistehenden Doppelschachtofen mit angebauter Schaltanlage zeigt Abb. 62: Kleinere Schachtöfen kommen in Doppelanordnung manchmal auch kippbar zur Ausführung. Schacht- und Muldenöfen werden ebenso wie andere Öfen mit Schutz-

Abb 62. Doppelschachtofen (*Junker*).

gas ausgeführt, wenn die Behandlung des Glühgutes eine vollkommen sauerstofffreie Ofenatmosphäre verlangt. Solche *Schutzgase* sind meist Kohlenwasserstoffe wie Leuchtgas, Koksgas, Naturgas; auch Stickstoff und Wasserstoff und in geeigneten Fallen sogar Wasserdampf wird zur Verhütung des Verzunderns und Oxydierens verwendet. Beim Nitrierhärten wird eine Ammoniakatmosphäre im Ofen verwendet Selbstverstandlich entstehen durch die Bereitstellung dieser Gase

Kosten, die aber durch die höhere Güte des fertigen Glüherzeugnisses wieder einkommen. Das Schutzgasverfahren kann wie Umluft durchweg bei allen Ofenarten angewendet werden; selbstverständlich muß der Ofen gasdicht gebaut sein. Abb. 63 läßt eine solche Anordnung im Querschnitt eines 50-kW-Muldenofens erkennen. Der wassergekühlte Deckel ist durch eine Öltasse gasdicht aufgesetzt. Eine andere Art, im Schachtofen zunderfrei weich- und blankzuglühen (Eisen- und Metalldrähte und Bänder), ist die Einbettung in fest verschlossene Glühtöpfe, die in die Öfen hineingestellt werden, sie findet in verschiedenen Systemen Anwendung. Sehr große Muldenöfen bedürfen natürlich zur Handhabung ihrer Deckel besonderer mechanischer Einrichtungen.

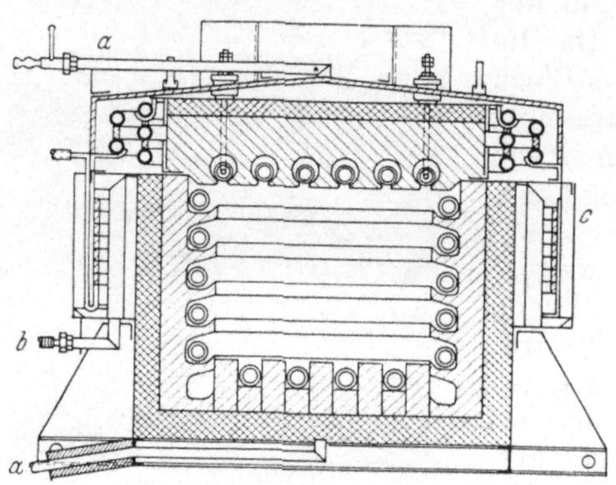

Abb. 63. Schutzgas-Muldenofen (*SSW*.).
a = Gasanschluß; b = Kühlwasseranschluß;
c = Öltasse.

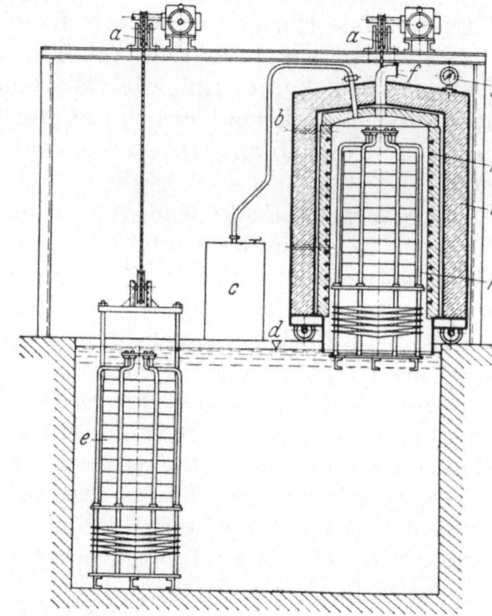

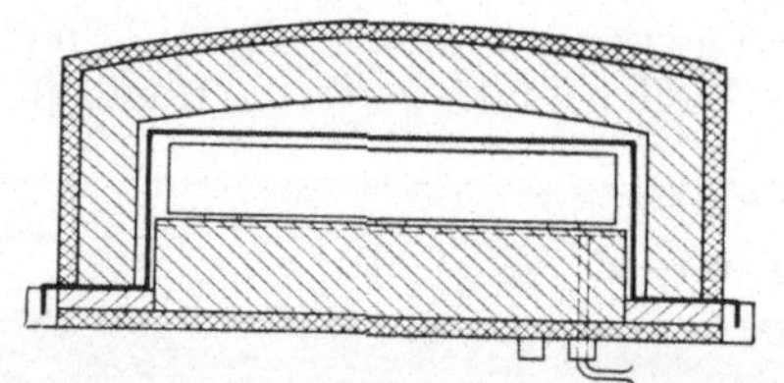

Abb. 64. Haubenofen für flaches Glühgut, Schnitt
(*Junker*).

Abb. 65. Haubenofen mit Taucheinsatz (*SSW*.).
a = Hebewerk für Einsatzkorb; b = Thermometer-
einführung; c = Dampferzeuger; d = Oberfläche des
Tauchbades; e = Einsatzkorb mit Glühgut im
Tauchbad; f = Sicherheitsklappe; g = Druckmesser;
h = Heizleiter; i = fahrbarer Haubenofen; k = Einsatzkorb mit Glühgut im Glühraum.

f) *Hauben- oder Glockenöfen* sind am Platze, wenn der Glüheinsatz aus bestimmten Gründen nicht in den Ofen hineingebracht werden kann. Der Einsatz wird hier auf einer Unterlage oder einem Traggestell fertig aufgeschichtet und dann die Glocke oder Haube darübergestülpt. Entweder kann der Untersatz oder die Haube oder beides mit Heizträgern versehen sein. In der Schnittzeichnung Abb. 64 erkennt man den heizbaren Untersatz mit dem Blechstapel, der geglüht werden soll, und die aufgesetzte Ofenhaube. Bei einer anderen sinnreichen Anwendung des Haubenofens (Abb. 65) stülpt man zwar nicht die Haube über das Glühgut (Kupferbänder und -drähte), sondern hebt dieses in den Ofen und senkt es von da in ein Wasserbad. Kupfer kann in Wasserdampf blankgeglüht und im Wasserbad ohne Erhärtung gekühlt werden. Der Vorgang bei diesem Glühverfahren ist folgender: Der Einsatz wird auf einem an einer Winde hängenden Gestell fertig gemacht und ins Wasserbad gesenkt; dann wird die Ofenhaube darübergefahren und das Gestell hineingezogen. Auf diese Weise herrscht in der heißen Haube eine Wasserdampfatmosphäre. Nach dem Fertigglühen wird der Einsatzkorb mit dem

Gut zum Abkühlen ins Wasser gesenkt und die Ofenhaube über einen neuen Draht-oder Bandstapel verfahren. Auch noch in anderen Formen und für schwereres Glühgut (Stahlblöcke, Radreifen u. ä.) kommen Hauben- und Glockenöfen vor.

Es muß mit diesen wenigen Beispielen für Glühöfen mit stehendem Einsatz sein Bewenden haben; den anregenden Bau- und Betriebsarten dieser großen Ofengruppe weiter nachzugehen, verbietet der beschränkte Umfang dieses Büchleins.

35. Glühöfen für durchlaufenden Einsatz. Allgemein sind *Durchlauföfen* alle Elektrowärmegeräte, bei denen das Glühgut den Glühraum durchwandert: in stetig gleichmäßiger oder ruckweiser Bewegung, auf waagerechtem, senkrechtem oder geneigtem Wege, durch Schwerkraft oder motorisch bewegt, in einer Richtung geradeaus oder zusätzlich in Umkehrrichtung, mit oder ohne Schutzgas und Luftumwälzung, im Gleichstrom- oder Gegenstromverfahren. Bedenkt man dabei, daß sich alle diese Möglichkeiten für mehrere Ofenarten ergeben, so erkennt man wieder die große Mannigfaltigkeit auch auf dem Gebiete der Durchlauföfen. Die Mechanisierung des im Glühraum wandernden Einsatzes und damit die Ermöglichung eines *ununterbrochenen Ofenbetriebes* liegt durchaus im Gedankenkreis der schon seit Jahren in der ganzen Technik angestrebten fließenden Fertigung, hat hier aber neben der Arbeitsersparnis noch die Wirkung einer manchmal verblüffend großen Wärmeersparnis. Eingangs- und Ausgangstüren für stetig wanderndes Glühgut müssen natürlich zur Verminderung der Wärmeverluste entsprechend eingerichtet sein; wird Schutzgas verwendet, so kommen unter Umständen Luftschleusen in Frage.

Die Berechnung der Wärmeleitung von Durchlauföfen wird für einfacher gehalten als die von absatzweise arbeitenden Öfen, weil der Einsatz als gleichartiges Gut in dünner Schicht und gleichbleibender Zeit zu erwärmen ist. Die Luftumwälzung kann bei den Durchlauföfen in hervorragendem Maße zur besseren Wirtschaftlichkeit verwendet werden, wenn sie im *Gegenstrom* arbeitet, d. h. wenn die Luft erst die schon hocherwärmten Teile und danach die weniger erwärmten, heranrückenden Teile bestreicht. Wird die Anordnung des Wandergutes so getroffen, daß die erwärmten Teile nach Umkehr ihres Weges den entgegenkommenden ihre Wärme abgeben können, so wird der Aufwand an Elektrowärme durch diese Rückgewinnung wesentlich verringert. Die meisten Durchlauföfen arbeiten allerdings nur in einer Richtung. Folgende Ofenarten sind die wichtigeren:

a) Der *Durchziehofen* kommt für ununterbrochene Wärmebehandlung von Drähten und Bändern aus Stahl und Metallen zur Anwendung. Früher pflegte man diese Erzeugnisse in Ringen, die in Kästen, Muffeln oder in Schutzgas untergebracht waren, stundenlang der erforderlichen Wärme auszusetzen, ohne dabei immer die Gewähr zu haben, daß das Glühgut überall gleichmäßig von der Hitze durchdrungen war. Eine schnellere und dabei sichere Wärmebehandlung erzielt man, wenn Bänder und Drähte in einem oder mehreren Strängen ausgestreckt durch den langen

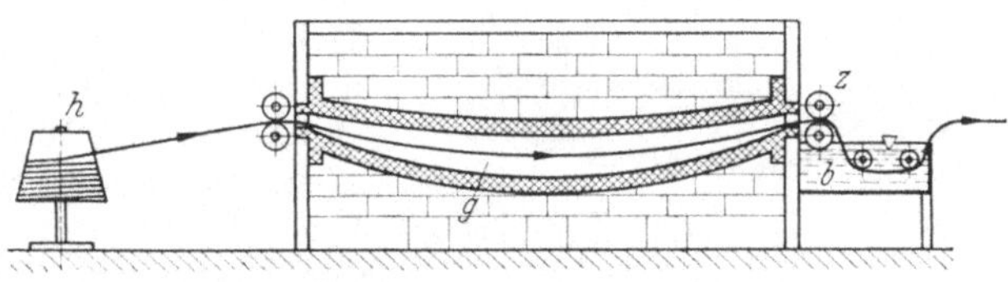

Abb. 66. Drahtdurchziehofen, Schema.
h = Drahthaspel; g = Glühraum; z = Zugvorrichtung; b = Kühlbad.

Glühraum des Durchziehofens gezogen werden. Das Schema eines solchen Ofens zeigt Abb. 66. Das Glühgut kann dabei entweder seiner Warmfestigkeit entsprechend frei durchhängen, oder bei größerer Härte auch durch ein Glührohr oder Formsteine gezogen werden. Für die verschiedenen Metallsorten, Stahl, Nickel, Kupfer, Aluminium, Messing, kommen Glühtemperaturen zwischen 500 und 800° C vor. Gegenüber dem früheren stundenlangen Erhitzen kommen im Durchziehofen nur einige Minuten in Frage, es mußten daher die veränderten Verhältnisse für die innere Gefügeänderung in den Metallen genau untersucht und die Durchzuggeschwindigkeiten mit Wärmestrahlung und -aufnahmefähigkeit in Einklang gebracht werden, bevor man zu günstigen Ergebnissen kam. An den Glühvorgang im Durchziehofen kann sich Abschrecken und Kühlen im Wasser, Öl- oder Bleibad, Anlassen, Beizen, Waschen und Trocknen je nach Bedarf anschließen. Die meist sehr langen Öfen sind wärmetechnisch in mehrere Zonen für Anwärmen, Glühen, natürliches und künstliches Abkühlen unterteilt, etwa für 0···700°, 700 bis 350° und 350···150° C. Durchziehöfen können mit Schutzgas betrieben werden, auch wird in neuzeitlichen Anlagen aus dem geglühten Bandgut die Wärme teilweise wiedergewonnen. Man rechnet für das Glühen von Kupfer- und Messingbändern rund 100 kWh/t, bei Stahl und Aluminium rund 220 kWh/t als rohen Mittelwert. Die

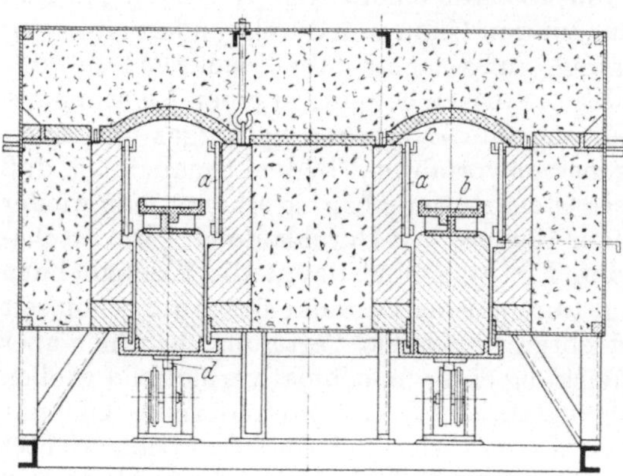

Abb. 67. Drehherdofen, Schnitt (*Junker*). *a* = Felgenheizkörper; *b* = Tischring; *c* = Gewölbering; *d* = Laufring.

Anschlußwerte sind je nach Metallart und Stundendurchsatz sehr verschieden, es gibt Öfen mit mehreren hundert kW Leistungsaufnahme.

b) Der *Drehherdofen* (Abb. 67 u. 67a, vgl. Abb. 22) hat eine ringförmige Durchlaufbahn für das Glühgut, er ist daher bequem zu bedienen, da Beschickungs- und Entnahmetür dicht beieinanderliegen, auch nimmt er mit seinem Durchmesser von höchstens 4 m wenig Platz ein. Die Querschnittszeichnung Abb. 67 läßt die Anordnung des ringförmigen Drehtisches, der auf Rollen läuft, erkennen; er ist in seinem Aufbau so bemessen, daß wenig Wärme verlorengeht. Die Beheizung erfolgt in diesem Fall durch seitlich angebrachte *Junker*-Chromnickelfelgen. Bei andern Firmen werden Silitstäbe oder Heizwendeln verwendet. Der Ringherdofen Abb. 67 a wird gern zum Anwärmen von Schmiede-, Preß- und Walzteilen, zum Vergüten, Anlassen und Ausglühen beliebiger Metallteile benutzt. Bei Gebrauchstemperaturen zwischen 400 und 1100° C liegen seine Anschlußwerte je nach Durchsatz etwa zwischen 50 und 200 kW. Angetrieben wird er meist motorisch und ist dabei auf genaue Umlaufzeiten einstellbar, bei kleinen Öfen kann der Drehherd auch absatzweise durch Hand,

Abb. 67a. Drehherdofen, Ansicht (*Junker*).

oder Fußhebel bewegt werden. Auch bei diesen Öfen kann Luftumwälzung und selbsttätige Temperaturregelung angebracht werden.

c) der *Rollofen* gehört zwar zu den Öfen mit wanderndem Einsatz, die Bewegung wird aber nicht durch eine Maschine, sondern durch die Schwerkraft hervorgerufen, indem die zum Erwärmen eingesetzten Rundblöcke (meist handelt es sich um Metalle) den geneigten Ofenherd langsam herabrollen und so von allen Seiten gleichmäßig erwärmt werden. Zum Abrollen besitzen größere Öfen zwei Herdböden,

Abb. 68 zeigt einen solchen sog. Doppelrollofen. Da diese Öfen ziemlich lang sind, werden die Heizwiderstände in mehrere getrennt regelbare Gruppen unterteilt. Um die Wärmeübertragung zu beschleunigen, und zu vergleichmäßigen, ist die Luftumwälzung bei dem langen Glühraum gut angebracht, man kann dabei die Umluft *längs* oder *quer* zur Raumachse führen. In Abb. 68 ist die Umluft in zwei parallelen Zügen im Gegenstrom zum Glühgut längs der Ofenachse geführt. Die *Querlüftung*, die baulich schwieriger anzuordnen ist, hat den Vorteil, nach Erfordernis in den Ofenzonen verschiedene Temperaturen aufrechtzuerhalten; übrigens wird dieLängslüftung in den bestehenden Bauarten bevorzugt. Rollöfen haben in der letzten Zeit für die Bearbeitung unserer heimischen Leichtmetalle Beachtung gefunden.

Nicht zu verwechseln mit dem Rollofen ist der *Tunnellofen* mit *Rollbahn*, ein Ofen mit mechanisierter Einsatzbewegung. Der Herdboden in dem langgestreckten Glühraum wird hier durch dicht nebeneinander gelagerte, mechanisch angetriebene warmfeste Rollen gebildet, auf denen das Glühgut langsam vorangerollt wird. Auch durch Kettenförderer, die auf dem Herdboden laufen, kann der Einsatz mechanisch durch den Ofen bewegt werden. Es ist natürlich dabei vorauszusetzen, daß an dem

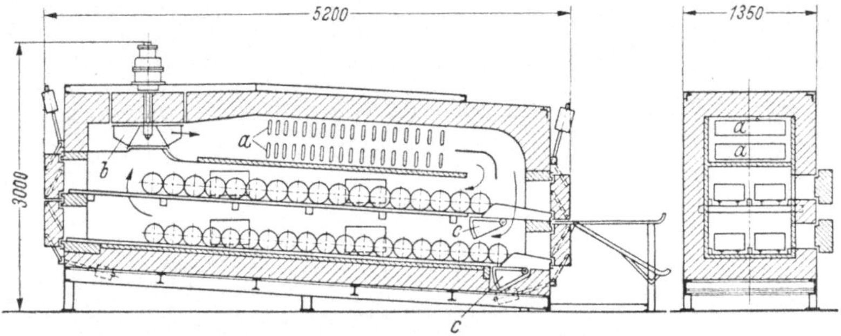

Abb. 68. Doppelrollofen. *a* = Heizkörper; *b* = Umlüfter; *c* = Auswerfer (*SSW.*).

Bewegungsteil die Temperaturen nicht höher sind, als die Gelenke und Lager der Rollbahnen und Ketten vertragen können.

d) Die *Stoßöfen* umgehen diese Beschränkung, indem der ganze Antriebsmechanismus außerhalb des Ofens liegt und nur die sehr robuste Stoßstange mit dem Glühraum in Berührung kommt. Bereits in Abb. 24 war die grundsätzliche Anordnung eines Stoßofens gezeigt worden; in diesem Falle kann der Stoßofen, der mit einem Kettenofen verbunden ist, das hier auf etwa 400···500° C vorgewärmte Gut auf die Endtemperatur von 800···900° C bringen. Die Führung und Regelung der Wärme kann dabei sehr wirtschaftlich gestaltet werden, zumal wenn der Betrieb durchgehend ist. Stoßöfen werden für die Warmbehandlung von Eisen, Schwer- und Leichtmetall benutzt, teilweise kann solcher Ofen sogar für mehrere Hitzegrade (etwa 550 und 800° C) benutzt werden, was sich durch Regelung der Heizkörper, vor allem aber durch entsprechende Bemessung der Umluft erreichen läßt. In diesem Falle wird für den langgestreckten Ofenraum die Querbelüftung mit Vorteil angewendet.

Ähnlichkeit in der mechanischen Anordnung haben die *Schüttelöfen* mit den Stoßöfen. Hier ist die Herdplatte aus hitzebeständigem Stoffe als Schüttelrinne ausgebildet, in der die kleinstückigen Einsatzteile durch jeweiliges Beschleunigen und starkes Abbremsen nach vorne gestoßen werden. Der Antrieb für diesen ungleichmäßigen Bewegungsvorgang liegt natürlich außerhalb des Ofens. Auch hier ist der Betrieb mit Schutzgas möglich.

Außer den bis hier erwähnten Glühöfen für waagerechten oder schwach geneigten Durchlauf des Einsatzes kommen noch einige andere Formen zur Anwendung, die aufzuzählen zu weit führen würde. Kurz erwähnt sei nur noch der *Trommelofen*, bei dem eine drehbare Trommel aus warmfestem Stoff (Gußeisen) an ihrer Außenseite durch Widerstandsheizleiter in einem Ofenraum erhitzt wird. Die Trommel ist innen mit schraubenförmigen Führungen versehen, so daß bei langsamer Drehung der aufgegebene kleinstückige Einsatz langsam die Glühzone durchwandert und am anderen Ende der Trommel herausfällt.

Zum Schluß unserer Betrachtung der Glühöfen für Eisen und Metalle, die Strahlungshitze mit oder ohne Luftumwälzung benutzen, seien zwei neuere Bauformen erwähnt, in denen abweichend von den bisher beschriebenen Durchlauföfen das Glühgut in *senkrechter* Richtung wandert. Die Hauptabmessung dieser Öfen geht in die Höhe, während ihre Grundfläche wenig Platz in Anspruch nimmt.

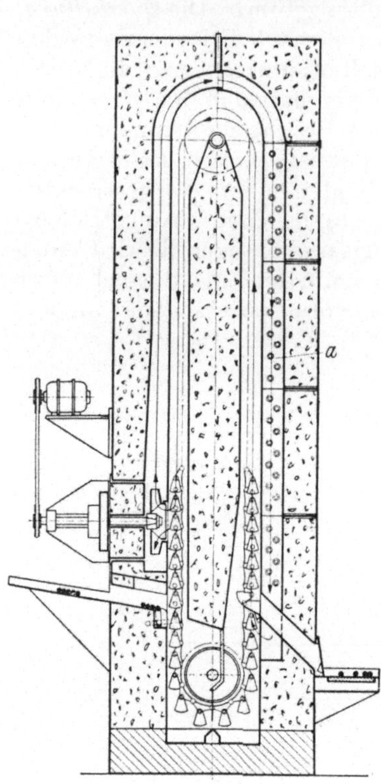

Abb. 69. Paternosterofen. Schnitt (*Junker*). a = Heizleiter.

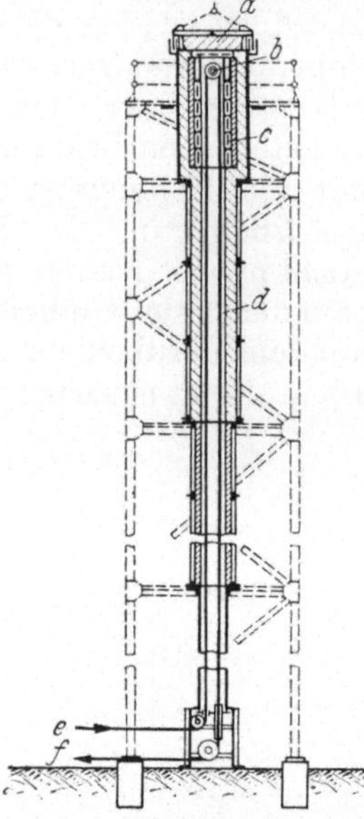

Abb. 70. Turmofen, Schnitt (*SSW.*). a = Deckel; b = herausnehmbare Umlenkrolle; c = herausziehbare Heizeinrichtung; d = Glühgut; e = Einlauf; f = Auslauf.

e) Der *Paternosterofen* beruht auf der Einrichtung, daß in zwei benachbarten Ofenschächten eine endlose Becherkette auf und ab bewegt wird (Abb. 69). Dieser Ofen dient zum Anwärmen, Vergüten, Anlassen, Ausglühen von Preßgut, Schmiedestücken, Maschinenteilen u. ä. aus Leicht- und Schwermetall. Die Teile werden (links auf dem Bilde) in die Behälter des Paternosterwerkes gelegt und wandern nun dem heißen Umluftstrom entgegen schachtaufwärts, um dann über den Scheitelpunkt des Ofens zur Abgabeöffnung (rechts) herabzusteigen, dort fallen sie von selbst heraus. Diese Ofenform hat sich aus dem Bestreben der Platzersparnis herausentwickelt, zeigt aber in ihrer Betriebsweise metallurgisch und wärmetechnisch hervorragende Eigenschaften, so daß sie auch deswegen Anwendung findet. Der Paternosterofen ist für Glühtemperaturen von 300···700° C bis zu 100 kW Anschluß und 300 kg Stundendurchsatz gebaut worden.

f) Der von den Siemens-Schuckert-Werken entwickelte *Turmofen* benutzt ebenfalls die senkrechte Auf- und Abführung des Glühgutes, bei der auf diese Weise eine ausgezeichnete Wiedergewinnung der Wärme aus dem sich abkühlenden Gut (es handelt sich hier um Bandeisen) erzielt wird. Der *Turmofen* Abb. 70 hat einen sehr hohen, mit neutralem Schutzgas gefüllten Ofenschacht. Das bandförmige Glühgut läuft von unten über Umlenkrollen senkrecht bis zum Heizraum am oberen Schacht-ende, wobei es von dem auf der anderen Seite niedersteigenden Bandteil bereits vorgewärmt wird; der Wärmeaustausch durch Schutzgasumwälzung ist besonders innig. Das Bandeisen bleibt im Schutzgas vollkommen blank, der Schutzgasauf-wand ist gering, da es aus der unvollständigen Verbrennung wohlfeiler Brennstoffe (Leuchtgas u. ä.) gewonnen wird.

Die hohe Wärmewirtschaftlichkeit dieses Ofens erhellt daraus, daß er je t Durch-satz weniger als 100 kWh verbraucht, während der Stromverbrauch bei den be-sprochenen Glühöfen für Eisen und Stahl je nach Art und Glühtemperatur 180 bis 240 kWh im groben Durchschnitt beträgt.

36. Schmelzbäder zum Glühen von Metallen sind schon lange bekannt, es wurden dazu je nach Höhe der zu erreichenden Temperatur Schmelzen von Metallen oder Salzen genommen. Wärmetechnisch hat das Glühen im Bade vor der Strahlungs-erwärmung im Glühraum den Vorteil, daß die erhitzte Flüssigkeit das Glühgut all-seitig umspült und die Wärme gleichmäßig abgibt. Allerdings ist man mit den neueren Umluftverfahren der gleichmäßigen Wärmeverteilung ja auch sehr nahe gekommen, so daß die Glühung im Schmelzbad oft mit derjenigen im Glühofen unter Luftumwälzung in Wettbewerb treten wird. Die elektrische Erwärmung me-tallischer Bäder (etwa Blei) ist unter dem Abschnitt „Schmelzöfen" bereits behan-delt. Der hier angewendeten Beheizung von eisernen Tiegeln und Wannen durch außenliegende Widerstandsheizkörper stehen die *Salzbäder* wenigstens für höhere Temperaturen in ihrer Beheizung völlig andersartig gegenüber. Elektrisch werden

nämlich alle Salzbäder über 850° C von innen beheizt, was ihnen auch hinsichtlich der Haltbarkeit der Wannen und Tiegel, die aus Schamotte oder Stahl bestehen können, einen Vorzug vor der Koks-, Gas- oder Ölfeuerung gibt. Die Innenheizung der Glühsalze (es sind Chlor-, Zyan- und Stickstoffverbindungen der Metalle Barium, Kalium, Na-trium oder Kalzium) besteht darin, daß man durch das Salz unmittelbar einen Strom leitet, der sich an seinem hohen Leitwiderstand in Wärme umsetzt. Allerdings leiten diese Salze als Leiter zweiter Klasse erst im erwärmten Zustande, so daß vorher mindestens ein Teil des Bades durch einen Hilfsvorgang (Hilfselektrode oder kurzzeitig höhere Span-nung zum Anheizen) erwärmt sein muß. Dann genügen aller-dings für die Aufrechterhaltung des flüssigen Zustandes (die Schmelzpunkte liegen zwischen 500 und 1000° C) ver-hältnismäßig geringe Spannungen (8···25 Volt) zur Aufrecht-erhaltung des Heizstromes. Die Strom- und damit Wärme-regelung wird entweder durch einen Reguliertransformator oder durch Nähern und Entfernen der Gegenelektrode be-wirkt. Für Glühtemperaturen von 1100···1350°C wird Barium-chlorid benutzt. Der das Bad durchsetzende Strom muß

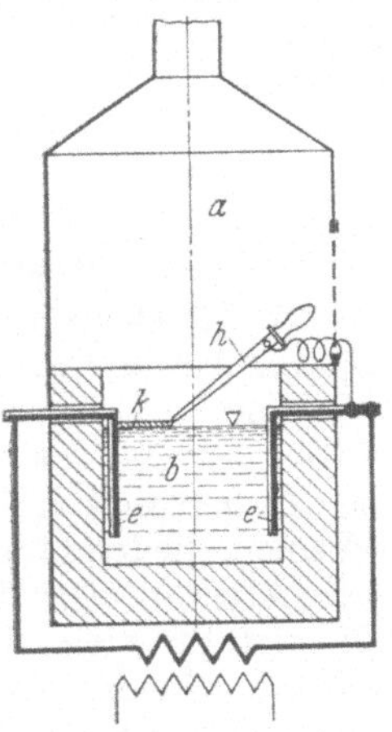

Abb. 71. Tiegelsalzbadofen, Schema. *a* = Haube mit Abzug; *b* = Salzbad; *e* = Elektroden; *h* = Hilfs-elektrode; *k* = Kohleheiz-plättchen.

Wechselstrom sein, er kann durch zwei (einphasiger Wechselstrom) oder drei Elek-troden (Drehstrom) dem Bad zugeführt werden. Abb. 71 zeigt schematisch eine Anordnung mit Hilfselektrode, mit der die Erhitzung eingeleitet wird. Die andere Form der Innenbeheizung ist eine mittelbare; Heizkörper, die in eine keramische, elektrisch isolierende Masse eingebrannt und zum Schutze mit Stahlblech über-zogen sind, werden auf dem Boden des Bades eingesetzt, wobei sie durch Isolier-stege vom Boden, von den Wänden, voneinander und vom Einsatzgut getrennt sind, so daß ungestörter Wärmeaustausch im Bad stattfinden kann.

Salzbadöfen für niedere Temperaturen (500···600° C) zur Warmbehandlung und Zwischenkühlung werden als Tiegelbadöfen mit äußerer Heizung ausgeführt. Hier muß sogar, damit die hocherhitzten Werkstücke das Bad nicht aufheizen, eine Luftkühlung des Tiegels angewendet werden. Abb. 72 veranschaulicht diese Ofenart.

Neben der gleichmäßigen Wärmeabgabe wird dem Salzbad nachgerühmt, daß es beim Herausnehmen des Einsatzes diesen mit einer dünnen glasartigen Schicht überzieht und ihn vor dem Oxydieren bewahrt, diese Kruste springt erst beim plötzlichen Erkalten. Andererseits haben die Salzbäder den Nachteil schädlicher Dämpfe, weswegen stets Abzugshauben vorgesehen werden müssen; auch ist das Hantieren mit Flüssigkeiten, in die das Glühgut eingetaucht und dann wieder herausgenommen wird, nicht immer sauber. Immerhin haben die Salzbadöfen in der Werkzeughärterei eine fast unumschränkte Anwendung gefunden, wo sie in Größen bis zu 100 kW vorkommen. Für Sonderzwecke, wie etwa das Vergüten großflächiger Teile aus Leichtmetallegierungen, werden entsprechend große Salzbäder mit einigen hundert kW Anschlußwert hergestellt (z. B. 10 m³ Badinhalt, 360 kW).

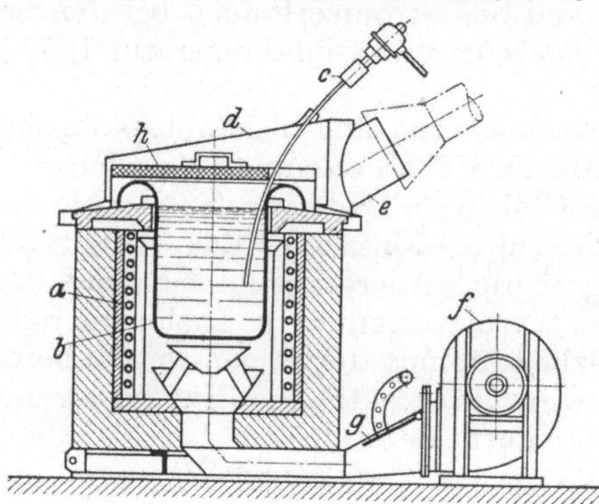

Abb. 72. Tiegelbadofen mit äußerer Heizung, Schema (*S. u. H.*) *a* = Heizleiter; *b* = Salzbad; *c* = Wärmemesser; *d* u. *e* = Abzugsvorrichtung, *f* = Lüfter; *h* = Deckel.

C. Sonstige Elektrowärmeverwertung.

Schweißgeräte, Induktionshärtung, Trockenschränke, Verschiedenes.

37. Die elektrischen Schweißverfahren gehören zu den wichtigsten und verbreitetsten Anwendungsgebieten der Elektrowärmeverwertung. Als einen ihrer größten Vorteile muß man die durch sie ermöglichte *Ersparnis* an Metallen, vornehmlich Eisen, bezeichnen, die im Sinne unserer Rohstoffwirtschaft nicht hoch genug angeschlagen werden kann. Daneben gestatten sie die Gestaltung glatter, gefälliger Formen, die leichter zu unterhalten sind als die mit anderen Verbindungsverfahren hergestellten. Die Metallersparnis bedeutet gleichzeitig eine Gewichtserleichterung, die sich für viele bewegte Bauwerke, wie Schiffe, Fahrzeuge, Fördergeräte usw., entweder in der Einsparung an Antriebskraft oder einer erhöhten Arbeitsleistung ausdrückt. Die elektrische Schweißung, die grundsätzlich zwei Arten der Wärmeerzeugung benutzt, nämlich die Lichtbogen- und die Widerstandswärme, ist eine der ältesten Anwendungen der Elektrowärme, denn sie stammt schon aus den achtziger Jahren des vorigen Jahrhunderts; ihren Siegeslauf hat sie allerdings erst mit Ausgang des 1. Weltkrieges begonnen. Da ihre Arten in den Werkstattbüchern gesondert[1] behandelt werden, so genügt es, hier einen kurzen Überblick zu geben.

a) Die *Lichtbogenschweißung* (zu den Schmelzschweißungen gehörig) kann mit Gleichstrom und mit Wechselstrom betrieben werden, die Spannungen am Lichtbogen liegt dabei zwischen 18 und 32 Volt, die Stromstärke bei Handschweißung etwa zwischen 50 und 500 Amp., bei automatischer Schweißung erreicht sie 1000 Amp. und

---

[1] SCHIMPKE, P.: Die neueren Schweißverfahren. Heft 13. — KLOSSE, E.: Das Lichtbogenschweißen. Heft 43. — FAHRENBACH, W.: Das Widerstandsschweißen. Heft 73. — HESSE, R.: Praktische Regeln für den Elektroschweißer. Heft 74. — RICKEN, TH.: Schweißen der Leichtmetalle. Heft 85.

darüber bei Spannungen bis zu 40 Volt. Bei weitem am meisten ist die Handschweißung mittels Gleichstrom in Gebrauch. Die Schweißstromerzeuger sind besonders in der Anpassung ihrer Stromspannungskennlinien an die Erfordernisse des Schweißvorganges entwickelt worden. Neben den rotierenden Stromerzeugern (Motor-Generatoren) sind auch Gleichrichter und Transformatoren auf dem Markt, welch letztere sich wegen ihrer Vorteile in Anschaffung und Betrieb trotz kleiner technischer Unbequemlichkeiten weiter eingeführt haben. Das leichtere Abreißen der Wechselstrom-Schweißlichtbögen sucht man durch Überlagerung hochfrequenter Spannungen zu vermeiden. In der Art der Stromversorgung ist die Einstellenschweißmaschine (jeder Schweißer hat seinen eigenen fahrbaren Stromerzeuger) noch immer die meist vertretene; neben den großen ortsfesten Sammelanlagen bis zu vielen 100 kW hat sich die Gruppenversorgung von 10···30 Schweißern aus einem beweglichen Umformer in Großbetrieben eingeführt. Das Verfahren des in einer Schutzgashülle brennenden Schweißlichtbogens bietet metallurgische Vorteile, desgl. das Brennen eines hochstromigen Lichtbogens unter einer Schweißpulverschicht. Automatische Schweißeinrichtungen sind mit verschiedenen Vorschubsteuerungen sowohl für Kohle- wie auch Stahlelektroden entwickelt worden, diese können ebenso als nackte wie auch als ummantelte Drähte ununterbrochen von Ringen wie auch in einzelnen Stäben, darunter auch zweipolige Elektroden, verschweißt werden. Schweißautomaten ersparen in erster Linie die teuere Handarbeit und gewährleisten gleichmäßige Nähte. Die Schweißleistung selbst kann nur durch Erhöhung des Schweißstromes gesteigert werden und kommt nur zur Wirkung bei langen gleichartigen Nähten in gerader oder kreisförmiger Richtung. Inland und Ausland haben in den letzten Jahren hochleistungsfähige voll- und halbautomatische Schweißverfahren herausgebracht. Bei dem fast ausschließlichen Vorherrschen des Drehstromes hat man sich mit mehr oder weniger Erfolg bemüht, Transformatorenschaltungen und Lichtbogenführung für möglichst gleichmäßige Phasenbelastung zu entwickeln.

Die Schweißzusatzstäbe (Elektroden) — es handelt sich abgesehen von einigen NE-Metallen praktisch nur um die verschiedenen Sorten des Stahles — sind hinsichtlich der metallurgischen Abstimmung in Legierung und Umhüllungsmasse für den beabsichtigten Zweck dauernd verbessert worden. Weiterhin sind Elektroden entwickelt worden, die in dauernder Berührung mit dem Werkstück eine unterbrechungsfreie Lichtbogenführung ermöglichen. Schließlich sind neuerdings auch Elektroden mit innerer Sauerstoffzuführung zum Eisenschneiden herausgebracht worden. Die konstruktive Behandlung der beim Schweißen auftretenden Wärmespannung ist soweit gediehen, daß mit Sicherheit und Vorteil selbst größte Stahlbauwerke wie Schiffe, Brücken, Hochbauten geschweißt werden können.

Vom wirtschaftlichen Elektrowärme-Standpunkt aus ist die Lichtbogenschweißung der sonstigen industriellen Elektrowärmebehandlung von Metallen durchaus unterlegen, da sie 3···6 kWh/kg niedergeschmolzenen Elektrodenmaterials je nach Umständen verlangt; zudem benötigen einige Schweißverfahren noch eine gewisse Vorwärmung des Werkstückes. Immerhin ist der Stromverbrauch gegenüber den außerordentlichen Vorteilen der Lichtbogenschweißung von durchaus untergeordneter Bedeutung.

b) Die *Widerstandschweißung* gehört zu den sog. *Preßschweißungen*, d.h. die zu verschweißenden Teile werden nur so weit durch die Elektrowärme erweicht, daß sie zur innigen Verbindung in diesem teigig weichen Zustand zusammengepreßt werden müssen. Da der für die Erwärmung maßgebende Berührungswiderstand nur sehr gering ist, bedarf es auch nur kleiner Spannungen (0,5···10 Volt), um ihn zu überwinden, dafür aber um so größerer Stromstärken für die nötige Schweißwärme, die bei großen Schweißmaschinen 100000 Amp. und mehr erreichen. Solche Ströme können nur als (einphasiger) Wechselstrom in besonderen Umspannern hergestellt werden. Sie können auch nicht weit fortgeleitet werden, ihre Zuführung zum Schweißwerkstück bedarf besonders geformter Kontakte mit Vorrichtungen zum Kühlen und Pressen. Der Strom muß nach Zeitdauer und Stärke geregelt, der Preßdruck im richtigen Verhältnis dazu gesteuert werden. Die Erfüllung dieser Bedingungen und der dazu nötige Zusammenbau der Einzelteile (Transformator mit Leitung und Schalteinrichtung, Schweißkontakte mit Kühlung und Steuerung, Stauchdruckeinrichtung usw.) machen aus dem Widerstandsschweißgerät eine Art *Werkzeugmaschine*, die in Sonderfällen schon recht verwickelt und kostspielig ausfällt. Im Gegensatz zur Lichtbogenschweißung, die geschickte und zuverlässige, besonders ausgebildete Schweißer erfordert, ist die Bedienung der Widerstandsschweißmaschinen einfach und bedarf nur angelernter Leute. Auch die metallurgischen Verhältnisse liegen hier günstiger als beim Lichtbogenverfahren, zudem ist der Stromverbrauch von ganz untergeordneter Rolle. Allerdings besitzt die Widerstandsschweißung nicht die allgemeine Verwendbarkeit wie die Lichtbogen-

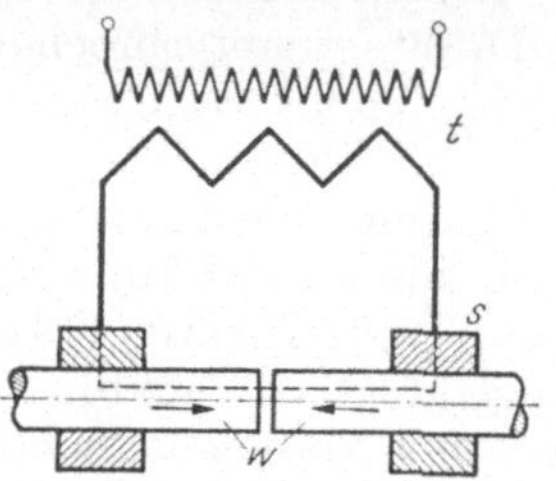

Abb. 73. Stumpfschweißung.
t = Umspanner; s = Spannbacken; w = Werkstücke.

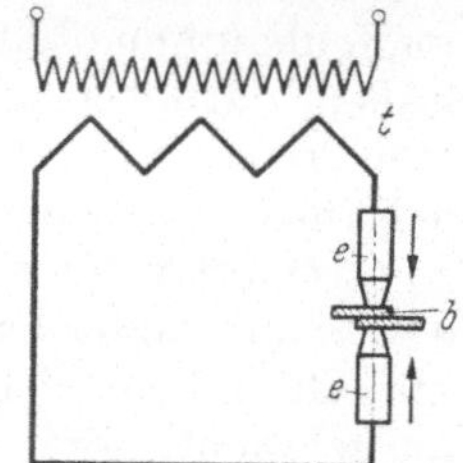

Abb. 74. Punktschweißung.
t = Umspanner; e = Elektroden; b = Bleche.

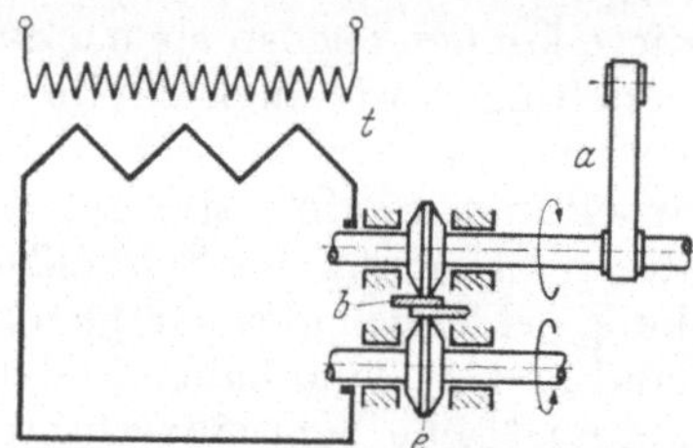

Abb. 75. Nahtschweißung.
t = Umspanner; e = Rollenelektroden; a = Antrieb; b = Bleche.

schweißung, sie eignet sich, im Gegensatz zur Lichtbogenschweißung, vorzugsweise nur für die reihenweise Anfertigung gleichartiger leichterer Stücke in großen Mengen. Schweißmaschinen, die für die folgenden drei Hauptverwendungsarten gebaut werden, kommen in Anschlußwerten bis zu 600 kVA vor.

1. *Stumpfschweißmaschinen* nach Abb. 73 zum Zusammenfügen von Querschnitten aller Art, wie Rohre, Stäbe, Profileisen, Bleche usw. Man unterscheidet die gewöhnliche Stumpfschweißung, bei der sich die Schweißquerschnitte in stetiger Gleichrichtung nähern, von der sog. Abbrennstumpfschweißung, bei der durch Nähern und Entfernen der Schweißenden Funkenbildung mit gleichmäßigem Abbrennen der Schweißflächen erzeugt wird und der Stauchwulst am Werkstück geringer ausfällt.

2. *Punktschweißmaschinen.* Hier wird den zu verbindenden Blechen der Strom durch stabförmige Elektroden zugeführt. Da diese gut leitend und gekühlt sind, entsteht die Schweißhitze nur an den Innenseiten der sich berührenden Bleche, die nun nach Art der Nietung punktförmig zusammengefügt werden (Abb. 74).

3. *Nahtschweißmaschinen.* Sollen Bleche (etwa bis zu 2×6 mm Stärke) in fortlaufender Naht zusammengefügt werden, so werden die Schweißstromkontakte als Kupferrollen (Abb. 75) ausgebildet. Die Bewegung dieser Rollen ist nicht stetig fortlaufend, sondern eigenartig (teils unterbrochen und rückläufig) gesteuert, um gute Festigkeiten der Naht zu erhalten.

Beispiele für die zahlreichen Ausführungsformen auf dem Gebiete der elektrischen Schweißverfahren können hier aus Platzmangel nicht gebracht werden, zumal in den auf S. 50 unten angeführten Werkstattbüchern darüber eingehend berichtet wird. Besonders mannigfaltig sind die Gestaltungen der Widerstandsschweißmaschinen, die in der Stumpfschweißung von kleinen Querschnittsleistungen für 50 mm² bis zu Riesenmaschinen für 25000 mm² entwickelt sind, während man die Leistung der Punktschweißmaschinen durch schnellste Folge der Punkte wie auch durch Vermehrung der gleichzeitig geschweißten Punkte gesteigert hat. Alle Maschinen für die in Abb. 73···75 gezeigten Schweißarten können von Hand, halbautomatisch oder vollselbsttätig betrieben werden, wobei hinsichtlich der Bemessung von Zeitdauer, Druck und Strommenge an die mechanische wie auch die elektrische Steuerung höchste Anforderungen gestellt werden. Sogar in Form von Handwerkzeugen, z.B. die Schweißzange, wird die Widerstandsschweißung angewendet, womit nicht nur Verbindungen haarfeiner Drähte (Elektrotechnik), sondern auch die Einsparung bedeutender Lötzinnmengen ermöglicht werden.

38. Induktionshärtung. Da die Hochfrequenzinduktion (vgl. Abschn. 31a) in erster Linie die Oberfläche des betroffenen Metalls schnell und ohne Änderung der Zusammensetzung aufheizt, so eignet sie sich in Verbindung mit unmittelbar folgender Abkühlung besonders gut zur Härtung. Die Vorteile dieses Verfahrens sind: schnelle und gleichmäßige Erhitzung für genau zu bestimmende Zonen und Tiefen, Fortfall von Verzunderung, Wärmespannungen und Ausschuß. Die Erhitzung kann entweder das ganze Werkstück auf einmal umfassen (Standhärtung) oder sie kann kontinuierlich oder absatzweise vorschreiten (Vorschub bzw. Umlaufhärtung); ihre Dauer ist durchweg sehr kurz, 0,1···20 sec, abhängig von der Größe des Werkstückes. Als Härtegut kommen durchweg Stahlerzeugnisse in Frage, wie Wellen, Bolzen, Zahnräder, Zylinderbuchsen, Werkzeugstähle, Rasierklingen, Nähnadeln u. ä. Die zur Anwendung kommenden Frequenzen liegen zwischen 250 und 200000000 Hz (200 MHz), wobei die mittleren Frequenzen von 250 bis 20000 Hz in rotierenden Umformern (vgl. Abschn. 31b), die darüber liegenden Hochfrequenzen meistens in Röhrengeneratoren erzeugt werden. Diese beruhen auf der gleichen Arbeitsweise wie die Senderöhren der Rundfunkanlagen,

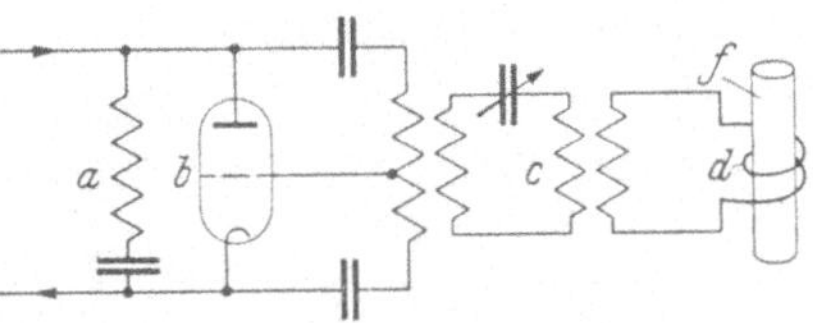

Abb. 76a. Vereinfachtes Schaltschema für Röhrengenerator. a = Schwingungskreis; b = Elektronenröhre; c = Anpassungstransformator; d = Heizübertrager; f = Werkstück.

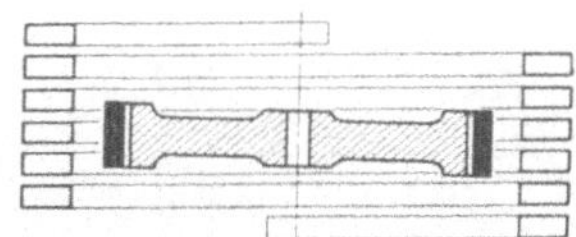

Abb. 76b. Standhärtung eines Zahnkranzes.

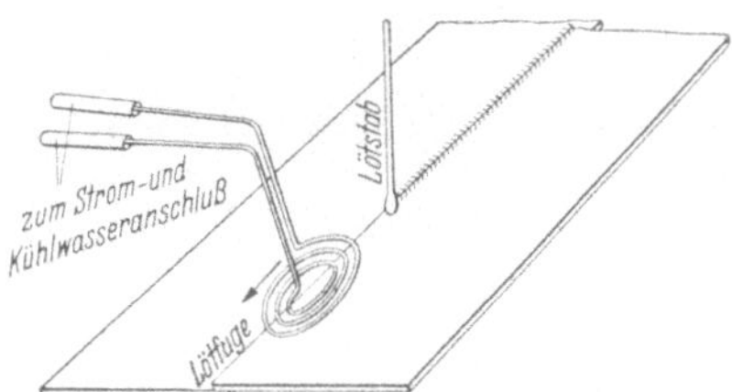

Abb. 76c. Hochfrequenzlötung.

ein vereinfachtes Schaltschema gibt die Abb. 76a. Die Übertragung der elektr. Heizenergie auf das Werkstück geschieht durch Spulen, welche das hochfrequente Wechselstromfeld auf die Oberfläche des zu härtenden Gutes abstrahlen. Die Verdichtung der elektrischen Energie kann bis zu 6 kW/cm² gesteigert werden, so daß Temperaturen bis zu 1200° C in kürzester Zeit erreicht werden. Es werden teils Spulen verwendet, in deren Innenraum das Härtegut eingebracht wird, ähnlich wie beim kernlosen Hochfrequenzofen (Abb. 76b), teils solche, die in passender Gestalt an die zu härtende Oberfläche von außen angelegt werden, z.B. beim Einzelzahnhärten an Zahnrädern. Die Spulendrähte sind hohl, meist rechteckigen Querschnitts, und werden von Kühlwasser unter erhöhtem Druck durchflossen.

Auch für die Zwecke der Weich- und Hartlötung kann die Hochfrequenzinduktion in geeigneter Spulenform die Wärme auf die Lötstelle verdichten, wie es etwa Abb. 76c andeutet. Solche Anlagen gibt es für Hand- oder automatischen Betrieb. Die benötigten Energien bewegen sich dabei zwischen 1···15 kW, die Frequenzen zwischen 200 und 2000 kHz.

Da die Erzeugung der hochfrequenten Ströme in der benötigten Stärke (bis 100 kW u. mehr) und die Kompensierung der Blindleistung erheblich teuere Anlagen bedingt, so ist die wirtschaftliche Verwendung der Induktionshärtung auf große Anzahlen gleichartiger Werkstücke beschränkt, dann ist sie allerdings wegen ihrer vorerwähnten Vorteile unübertrefflich, so daß sie sich immer weiter einführt. Sie hatte ihre Hauptentwicklung teils vor dem Kriege (USA), teils im Kriege (Deutschland) begonnen.

39. Trockenschränke. Neben den vorbesprochenen Warmbehandlungen Schmelzen, Glühen, Schweißen, Harten spielt die Elektrowärme in der Eisen- und Metallindustrie eine bescheidene Rolle, meist in verschiedenartigen, im einzelnen nicht oft vorkommenden Ausführungen. Am einheitlichsten unter diesen ist wohl der *Trocken-*

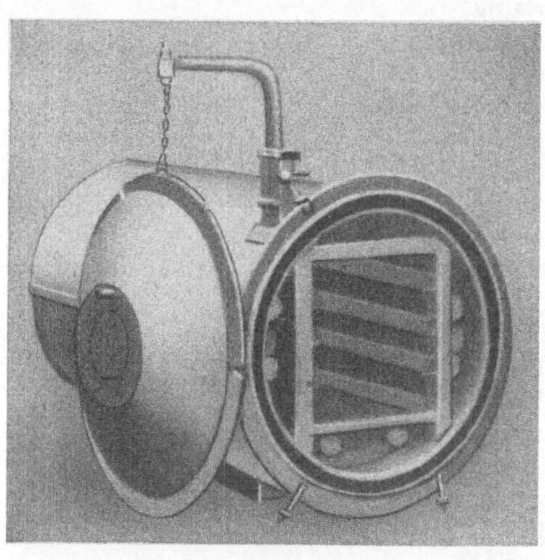

Abb. 77. Vakuumtrockenschrank, 4,2 kW (*SSW.*).

Abb. 78 Trockenschrank mit Luftumwalzung (*Heraeus G m b.H.*, Hanau).

schrank vertreten, ein Gerät mit geschlossenem Heizraum, das in den Temperaturlagen von 50···500° C (meist 100···300° C) zum Trocknen und Anwärmen benutzt wird, z. B. zum Trocknen von gelackten Eisen- und Metallteilen, von Gußkernen, zum Anwärmen von Preß- und Gießformen, von Werkzeugen, Gußteilen u. dgl. Meist wird dieses Gerät in der Form eines Schrankes mit großen Beschickungstüren gebaut, oft kommt aber auch die Trommelform (Abb. 77) in Anwendung; ganz große elektrische Trockenvorrichtungen haben einen langgestreckten Tunnel als Heizraum. Da die Temperaturen einfachere Bauart gestatten, wird meist Eisenblech für Innen- und Außenwände gewählt und der Zwischenraum mit Isoliermasse ausgefüllt. Im übrigen werden auch die bei Glühöfen üblichen Bauweisen angewendet: z. B. Widerstandsheizung in verschiedenen Arten, mechanische Beschickung durch Wagen, Durchlauf- oder Wanderöfen für den Fließbetrieb langsam trocknender Gegenstände (darunter Öfen bis 1000 kW Anschlußwert und 30 m Länge zum Trocknen gelackter Kraftwagenkarosserien), Luftumwälzung, selbsttätige Temperaturregelung u. a. m. Neuerdings werden auch Glühlampen verwendet die unter Zurücksetzung der Leuchtwirkung besonders viel Wärme ausstrahlen (Infrarot-Lampen). Auf die Luftführung in Trockenschränken ist besondere Aufmerksamkeit zu verwenden. Meist gilt es bei der Trocknung, Dämpfe oder Gase zu entfernen, dazu dient ein Lüfter mit Abzug. Bei verpuffungsfähigen Gasen, die aus einigen Lackarten entstehen, erhalten die Öfen eine sog. Explosionsklappe oder leichte Zerfall-Teile in Decke und Wand zum Druckausgleich, falls die Temperaturreglung versagt und die Hitze den Zündpunkt des Gases erreicht. Muß ein sehr hoher Grad der Trockenheit erzeugt werden, so werden die Trockenschränke für eine mehr oder weniger hohe Luftleere gebaut. Abb. 78 zeigt einen Trockenschrank mit künstlicher Luftumwälzung und selbsttätiger Wärmeregelung. Die Anlage zur Entlüftung und Wärmeregelung ist auf dem Bilde zu erkennen.

40. Verschiedenes. Unter den übrigen Elektrowärmegeräten, die fast alle bekannten Erhitzungsarten verwenden, können hier nur ganz wenige Beispiele veranschaulicht werden. Einrichtungen wie Tauchlötöfen, Hartlötmaschinen, Öfen zur unmittelbaren Widerstandserhitzung gleichartiger Schmiedeteile und Walzknüppel, Signiermaschinen zum Einbrennen von Kennzeichen etwa auf Werkzeuge u. ä. seien dem Namen nach erwähnt, auch elektr. Lötkolben, werden vielfach hergestellt und verwendet.

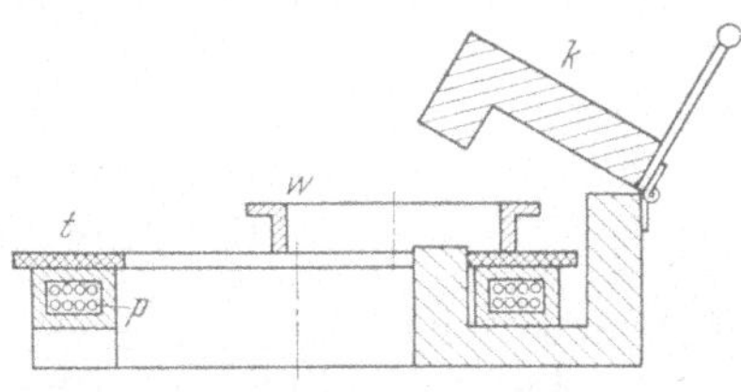

Abb. 79. Induktionserhitzer (*Vits-Elektro GmbH.*, Düsseldorf) k = aufklappbarer Magnetkern; p = Primärspule; t = warmfester Isoliertisch; w = Werkstück.

Eine bemerkenswerte Verwendung der Induktionsheizung zum Anwärmen von Radbandagen, zeigt Abb. 79 im Schnitt; nach dem früher Erläuterten versteht sich die Wirkungsweise von selbst. Einen Walzenheizer stellt Abb. 80 dar; wie eine Leibbinde umgeben die abnehmbaren Heizkörper die Walzen, welche im Walzwerk zum Ersatz auszuwechselnder Walzen auf Betriebstemperatur gehalten werden müssen. Ein gutes Beispiel elektrisch unmittelbarer Widerstandserhitzung gibt der Nietenwärmer (vgl. Abb. 16). Beliebig große Nieten (bis zu drei gleichzeitig) werden zwischen federnden Kontakten erwärmt, und zwar ohne Abbrand, Verschmutzung und Qualm.

Abb. 80. Walzenheizer, 80 kW (*SSW.*).

IV. Messen und Regeln der Elektrowärme.

A. Messen.

41. Meßverfahren. Überall, wo Wärme gebraucht wird, mißt man hauptsächlich die *Temperatur*, während die Wärmemengen (vgl. Kap. I A) seltener gemessen werden. Es gibt eine ganze Reihe von physikalischen Möglichkeiten, um die Temperaturänderungen merkbar und damit meßbar zu machen. Wir betrachten nur die daraus für die Industrie sich ergebenden praktischen Verfahren. Die eine Gruppe beruht auf dem physikalischen Grundsatz, daß die Wärme die Körper ausdehnt, die andere darauf, daß sie das elektrische Verhalten der Körper ändert. Genauigkeit und Meßbereich der einzelnen Verfahren sind verschieden.

a) Von den *Ausdehnungswärmemessern* ist das Quecksilberthermometer bekannt; praktisch verwendet man es bis zu 300° C, in Sonderausführungen bis 600°. Da in der Elektrowärme Temperaturen bis 1800° vorkommen (die Temperaturen der Heizleiter Kohlenstäbe und Kohlenelektroden liegen noch viel höher), so kommt dem Quecksilberthermometer nur ein kleiner Verwendungsbereich zu, etwa bei Trockenschränken, Außenwärme der Öfen u. ä. Eine andere auf der Ausdehnung beruhende Meßeinrichtung benutzt die Längenänderung der durch Wärme sich ausdehnenden Stäbe aus bestimmten Metallen (Stabthermometer); sie können etwa bis 600° C verwendet werden.

b) Den *elektrischen Wärmemeßverfahren* liegen zwei pyhsikalische Erscheinungen zugrunde: einmal die der *Widerstandsänderung* erwärmter Metalle (vgl. Kap. I B), sodann die sog. *Thermoelektrizität.* Sie entsteht dadurch, daß man die Stelle inniger Berührung zweier verschiedenartiger Metalle erwärmt. Die in einem solchen Thermoelement erzeugte Spannung ist sehr gering und abhängig von der Art der verwendeten Metalle und dem Temperaturunterschied an der Berührungsstelle (Lötstelle) und den freien Enden. Als Metalle kommen in Frage Nickel, Kupfer, Eisen, Platin, Iridium und Rhodium und deren Legierungen. In der genannten Gruppe der unedlen Metalle liegt die Spannung bei Temperaturen zwischen 500 und 1000° C im Bereich von 20···40 Millivolt, bei den edlen Metallen bei 1000···2000° C etwa zwischen 10 und 20 Millivolt. Ein vielbenutztes Thermoelement für Temperaturen von 500···1600° ist aus Platin und Platin mit 10% Rhodium zusammengesetzt. Unter 500° sind Elemente aus Kupfer oder Eisen mit Konstanten (40% Nickel, 60% Kupfer) gebräuchlich. Um hohe und unveränderliche Meßgenauigkeit zu erzielen, werden an die Beschaffenheit der Thermoelemente große Ansprüche gestellt, vor allen Dingen müssen sie metallisch rein sein und vor chemischen Einwirkungen (Ofenatmosphäre) geschützt werden; sie werden daher nur in gasdichten und festen Schutzrohren verwendet, die je nach Temperatur aus Stahl, Porzellan, Silit, Quarz bestehen können. Ähnliche Rohre kommen auch in Frage, wenn man den *Widerstand* der darin eingeschlossenen Meßmetalle zur Temperaturbestimmung benutzen will.

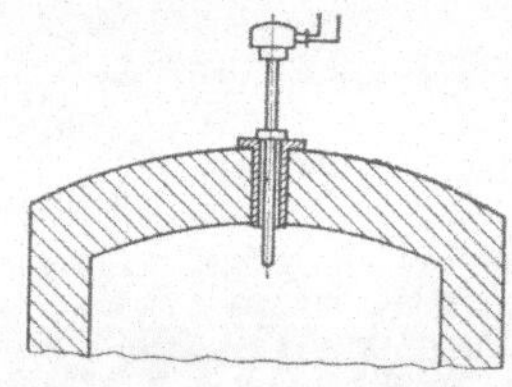

Abb. 81. Einbau eines Thermoelementes im Glühraum.

Den Einbau elektrischer Temperaturmeßgeräte im Ofenraum veranschaulicht Abb. 81. Meßgeräte für hohe Temperaturen werden Pyrometer genannt.

c) *Optische Pyrometer* werden dann verwendet, wenn man die Meßgeräte nicht unmittelbar in den Schmelz- oder Glühraum bringen kann. Sie beruhen darauf, daß man in einem kleinen Fernrohr die Strahlungshelligkeit des glühenden oder geschmolzenen Gutes mit der Fadenhelligkeit einer geeichten Glühlampe vergleicht. Eine neuere Form verwendet eine Photozelle, in der das durch die Helligkeit des glühenden Metalles belichtete Selen (lichtempfindliches Element) seinen elektrischen Widerstand entsprechend ändert. Diese Änderung wird in einem elektrischen Meßinstrument in Wärmegraden angezeigt.

42. Meßgeräte. Um die beschriebenen Verfahren für eine Messung ausnutzen zu können, wodurch erst ein *Meßgerät* entsteht, bedarf es noch der Anzeige- und Ablesevorrichtungen. Die beim Quecksilberthermometer bekannte Skala ist bei Stabthermometern wegen der geringen Ausdehnung nicht unmittelbar anwendbar: hier werden die Ausdehnungskräfte auf eine Zeigeranordnung übertragen.

Die elektrischen Meßverfahren gestatten eine sehr genaue Ablesung. Wenn auch die beim Thermoelement erzeugten Spannungen sehr gering und die mit einer Hilfsspannung festgestellten Unterschiede beim Widerstandsverfahren ebenfalls nur mäßig sind, so hat die elektrische Meßgerätetechnik doch für die kleinsten Anzeigekräfte ausreichend empfindliche und genaue Instrumente hergestellt. Abb. 82 zeigt eine vielbenutzte Form eines Ablesegerätes für elektrische Pyrometer und Abb. 83 die Schaltung, in der es angeschlossen ist. Es können an ein Thermoelement mehrere Anzeigeinstrumente oder auch an ein Anzeigegerät umschaltbar mehrere Thermoelemente (Meßstellen) angeschlossen werden. Die mit bd und ce bezeichneten Ausgleichsleitungen sind in diesem Falle nötig, um im Bereich der höheren Temperaturen nicht die Widerstandsänderung der Zuleitung zum Anzeigeinstrument fehlerhaft auf das Meßergebnis einwirken zu lassen. Die Wirkung der Ausgleichsleitung beruht auf dem entsprechend gewählten Temperaturbeiwert (vgl. Abschn. 6). In den meisten Fällen wird der Betriebsmann nicht damit zufrieden sein, nur den jeweiligen Temperaturzustand seines Ofens ablesen zu können. Zur besseren Betriebsüberwachung verlangt er, den ganzen Verlauf einer Schmelzung oder Glühung oder gar einer Ofenreise (vom Inbetriebnehmen bis zum Stillsetzen) auch noch nachträglich übersehen zu können, zumal wenn die Wärmeleistung nach einem gewissen *Programm* geregelt wurde. Zu diesem Behuf werden schreibende Meßgeräte verwendet, die auf einem fortlaufenden Papierstreifen durch den Zeiger punkt- oder strichweise die Aufzeichnungen festhalten. Die Genauigkeit elektrischer Meßverfahren kann allgemein dadurch verbessert werden, daß man der zu messenden Spannung eine gleich große entgegensetzt, so daß die Ablesung stets in einem Nullwert (Nullspannungs- oder Kompensationsmethode) erfolgt. Auch von diesem Verfahren wird beim Messen und Regeln der Elektrowärme Gebrauch gemacht. Die Genauigkeit elektrischer Meßverfahren ist leicht auf $\pm 1\%$ und darunter zu bringen.

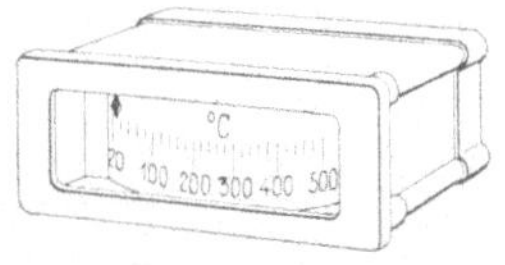

Abb. 82. Elektrischer Temperaturanzeiger (*Heraeus GmbH.*, Hanau.)

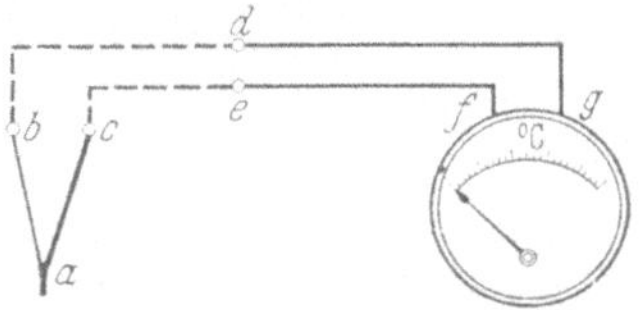

Abb. 83. Schaltung einer elektrischen Temperaturmessung. *abc* = Thermoelement; *a* = Lötstelle; *bd* und *ce* = Ausgleichsleitungen; *dg* und *e* = Zuleitungen zum Meßinstrument

B. Regeln.

Wichtiger noch als das Messen ist das *Regeln* der Wärme bei ihrer praktischen Verwertung; selbstverständlich ist zu einem wirksamen Regeln die Kenntnis der Temperatur Voraussetzung, weshalb auch in diesem Kapitel die Messung vorangeschickt wurde. Gerade in der Eisen- und Metallindustrie ist die Innehaltung genau begrenzter Temperaturen beim Reinigen und Mischen, beim Erzielen bestimmter Festigkeits- und Härtegrade usw. erforderlich. Wirtschaftlich kann die Elektrowärme nur geregelt werden, wenn man den sie erzeugenden Strom regelt, denn $Q = 0,86 J^2 R t$ (Formel 3 S. 6). Da nach dem Ohmschen Gesetz $J = U/R$ (Formel 1) ist, kann die Stromstärke durch Spannungs- oder Widerstandsveränderung beeinflußt werden. Von beiden Verfahren wird bei der Elektrowärme Gebrauch gemacht, und zwar indem man diese Veränderung von Hand oder, wie es fast immer angewendet wird, selbsttätig ausführen läßt.

43. Spannungseinstellung. Die Schaltungsarten zur Wärmeregelung sind mannigfaltig. Das *Regeln der Spannung* an der Erzeugungsstelle ist wenig üblich, weil es nur in Frage kommt, wenn man für ein Elektrowärmegerät einen besonderen Stromerzeuger aufgestellt hat. Das war früher bei Lichtbogen- und Niederfrequenzöfen und ist noch bei den Hochfrequenzöfen üblich. Da heutzutage die Energie für die Elektrowärme fast regelmäßig einem öffentlichen oder industriellen Stromversorgungsnetz mit gleichbleibender Hoch- oder Niederspannung entnommen wird, kommt für die Elektroöfen nur eine Spannungseinstellung am Umspanner in Frage. Als *Reguliertransformatoren* werden durchweg solche mit Stufenschaltung verwendet; bei ihnen sind die Wickelungen an der Gebrauchsspannungsseite (Abb. 84) für den Gesamtregelbereich in den entsprechenden Spannungsstufen angezapft. Die Kontaktvorrichtungen für diese Anzapfungen sind den Stromstärken entsprechend für funkenloses Überschalten von einer zur anderen Stufe ausgebildet und können von Hand oder motorisch betätigt werden, bei ganz großen Ofenstromstärken wird hochspannungsseitig geregelt. Für ein stufenloses Regeln kommt noch der Drehtransformator in Frage, bei dem die Spannung durch gegensätzliches Verdrehen von Spulen- und Magnetsystem stetig geändert wird. Regulierumspanner kommen bis zu den größten Öfen (z. B. Lichtbogenöfen) zur

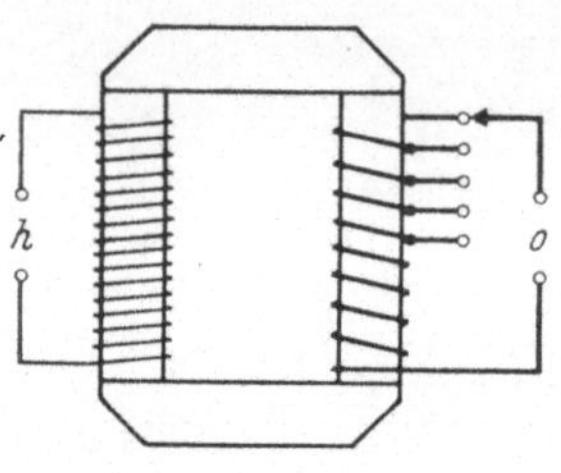

Abb. 84. Stufentransformator.
h = Hochspannungsseite;
o = Ofenspannungsseite.

Anwendung. Die auf der S. 30 beschriebene Regeleinrichtung für Lichtbogenöfen dient allerdings nur der Gleichhaltung der Wärme, indem der Elektrodennachschub geregelt, Strom- und Spannungsschwankungen aufgefangen werden. Die Spannungshöhe für den Ofenbetrieb dadurch zu regeln, daß man einen gewissen Spannungsbetrag durch Vorschaltwiderstände abdrosselt, kommt nur für ganz kleine Öfen in Frage, da der Spannungsverbrauch in ohmschen Vorschaltwiderständen ein glatter Energieverlust ist. Beim Lichtbogenschweißen wird der Wärmeaufwand durch die am Generator oder Transformator einzustellende Spannung geregelt, bei der Widerstandsschweißung tritt als Regelelement noch die Zeit hinzu, die ja gemäß der JOULEschen Formel für die Wärmemenge auch eine Rolle spielt und die hier unter Umständen bis auf Bruchteile von Sekunden geregelt wird.

44. Die Widerstandsschaltung ist die am meisten für die Wärmeregelung der Glühöfen benutzte Einrichtung. Sie beruht darauf, daß man die Heizwiderstände im ganzen oder in Gruppen unterteilt ein- und ausschaltet, hintereinander oder

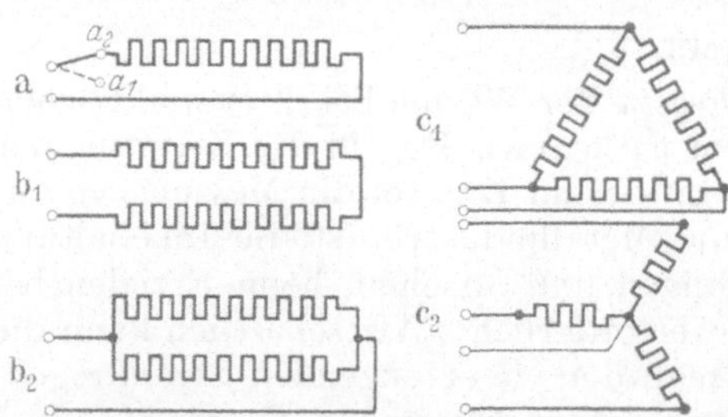

Abb. 85. Regelstufen der Widerstandsschaltung.
Schaltung . . . . a_1 a_2 b_1 b_2 c_1 c_2
Wärmezufuhr in % . . 0 100 50 200 100 50

nebeneinander, von Stern auf Dreieck oder umgekehrt schaltet. Diese Schaltungen sind durchweg nicht so feinstufig wie die bei Spannungsregelung, tun aber bei einer empfindlichen Selbstregelung ebenfalls gute Dienste, zumal da die Speicherwärme des Ofens den Übergang von einer zur anderen Wärmestufe etwas ausgleicht. In Abb. 85 sind die Wärmebeträge in ihrer Größenordnung eingetragen, die dem Elektrowärmegerät bei gleichbleibender Betriebsspannung in den verschiedenen Schaltungen zugeführt werden. Bei größeren (besonders langgestreckten) Durchlauföfen ist es häufig zweckmäßig, die gesamte Heizleistung in mehrere Gruppen zu unterteilen, die dann wieder durch eine der vorgenannten Schaltungsarten geregelt werden können. Auf diese Weise ist es möglich, dem Ofen an verschiedenen

Stellen verschiedene Wärmebeträge zuzuführen, wie es manchmal der Betrieb erfordert. Der Durchlaufofen verlangt z.B. an der Eingangsseite, wo der kalte Einsatz hineinkommt, zum wirtschaftlich schnellen Aufheizen mehr Wärme als in der eigentlichen Glühzone in der Mitte; noch weniger Wärme als diese braucht die Auslaufseite.

45. Selbsttätige Wärmeregelung ist die Verbindung eines Temperaturmeßverfahrens mit einer der Regelungsarten für Energie und Wärme. Die in den Temperaturmeßgeräten, seien es nun Ausdehnungsthermometer oder elektrische Pyrometer, auftretenden Bewegungskräfte sind zu klein, um damit unmittelbar irgendeinen Vorgang zur Spannung- oder Widerstandsänderung zu betätigen; wohl aber kann man mit ihnen kleine Steuerströme ein- und ausschalten, die nun über Strom- oder Spannungsschützen (Relais) stärkere elektrische Energien zum Schalten der Energie- und Wärmequellen auf den Weg bringen können. Als einfachste Art eines solchen Wärmeregelgerätes kann das *Kontaktthermometer* gelten (Abb. 86); in seine Skala sind zwei Platindrähte eingeschmolzen für Höchst- und Mindesttemperatur. Unterschreitet der Quecksilberfaden, der mit dem anderen Pol der Stromquelle in Verbindung steht, den Mindestkontakt, so löst der unterbrochene Strom ein Steuerschütz zum Einschalten der Wärmeenergie aus, erreicht der Faden den Höchstkontakt, so schaltet ein anderes Schütz die Wärmeenergie wieder ab. Auch die Stabthermometer lassen sich zum Ein- und Ausschalten zwischen zwei Temperaturgrenzen benutzen; ihre schleichende Bewegung verbietet aber die Anwendung einfacher Kontakte in Luft. Hier hilft der sog. Vakuumschalter (Abb. 87), bei dem die beiden im luftleeren Raum untergebrachten Kontaktfedern schon bei einer Bewegung von 0,005 mm eine Steuerleistung von 1500 Watt bei 10 Ampere einwandfrei abschalten.

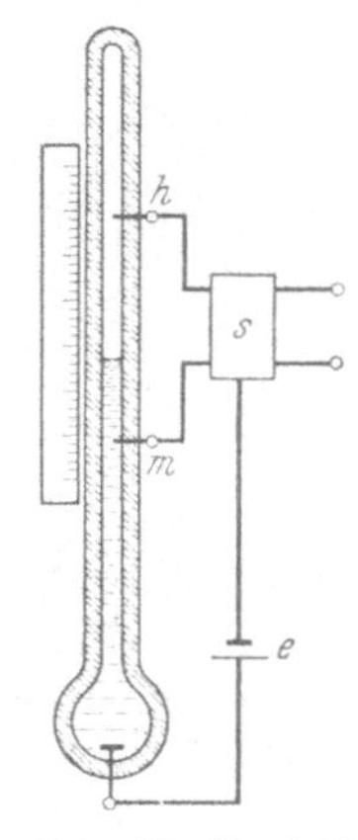

Abb. 86. Kontaktthermometer.
e = Stromquelle;
h = Kontakt für Höchsttemperatur;
m = für Mindesttemperatur;
s = Steuerschütz für Regler.

Ein Gerät, welches bei höchsten Genauigkeits- und Zuverlässigkeitsanforderungen Anzeigeinstrument mit Einstellvorrichtung und Steuerschaltern vereinigt, ist der sog. *Fallbügelregler*: er soll an einer vereinfachten Zeichnung in Abb. 88 erklärt werden. Das Meßwerk l mit

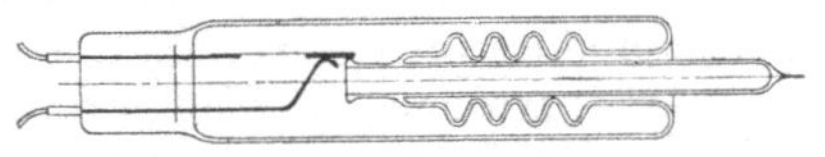

Abb. 87. Vakuumschalter für Ausdehnungsregler (*SSW.*).

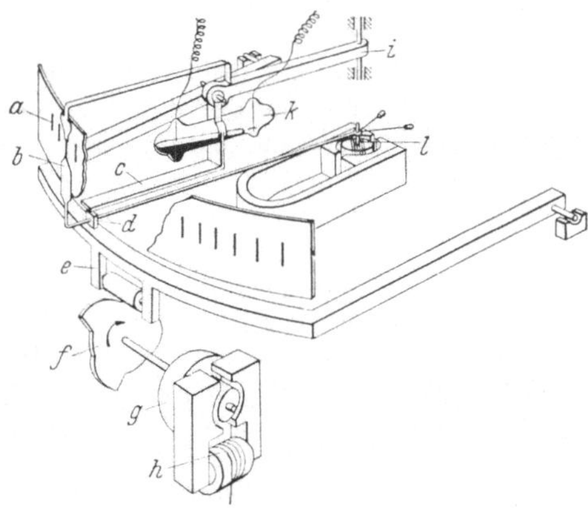

Abb. 88. Schema des Fallbügelreglers. a = Einstellmarke; b = Meßzeiger; c = Wippe; d = Druckstück; e = Fallbügel; f = Kurvenscheibe; g = Getriebe; h = Synchronmotor; i = Tragarm; k = Schaltröhre; l = Meßwerk.

dem Meßzeiger b ist wie bei einem üblichen Präzisionsinstrument ausgeführt. Über dem Zeiger befindet sich an einem Tragarm i eine Quecksilberschaltröhre k, die durch eine Wippe c ein- und ausgeschaltet werden kann; man kann diese Vorrichtung mittels eines Schiebezeigers a auf eine gewünschte Einstellmarke (in Celsiusgraden bezeichnet) einstellen. Im Ruhezustande verändert sich die Schaltung der Quecksilberröhre nicht. Nun wird in bestimmten Zeiträumen (etwa alle 10···30 s) durch einen Druck- oder Fallbügel e, der durch einen Synchronmotor h über Getriebe g und Kurvenscheibe f gehoben oder gesenkt wird, der Meßzeiger gehoben. Trifft er dabei die über ihm befindliche Wippe, so wird die Quecksilberröhre gekippt und eine Schaltung eingeleitet. Es können bis zu fünf Schaltröhren in solchem Fallbügelregler untergebracht werden, so daß ebensoviele Ein- und Ausschaltungen an den entsprechend eingestellten Marken, sobald der Meßzeiger sie erreicht, sicher vorgenommen werden. Abb. 89 u. 90 zeigen Außen- und Innenansicht eines

Abb. 89. Außenansicht.   Abb. 90. Innenansicht.
Fallbügelregler (*Hartmann & Braun*, Frankfurt).

solchen Temperaturreglers, der mit motorisch gehobenem und gesenktem Bügel arbeitet. Versieht man solche Regeleinrichtung noch mit einem Zeitschalter, so kann ein gewisses Warmbehandlungsprogramm selbsttätig durchgeführt werden, z.B. 2 Stunden auf 950° C und darauf 3 Stunden auf 500° C glühen.

Die selbsttätige Elektrowärmeregelung ist so gut entwickelt, daß man die Wärmegrade innerhalb von 0,5% gleichmäßig halten kann.

V. Wirtschaftlichkeit der Elektrowärme.

46. Allgemeines. Die Wirtschaftlichkeit eines Verfahrens oder einer Anlage wird nach dem Ausmaß der Kosten beurteilt, welche die Herstellung des beabsichtigten Erzeugnisses verursacht, und nach dem Vergleich dieser Kosten im Wettbewerb mit anderen Verfahren oder Herstellern. Die Erzeugungs- (Selbst-) Kosten setzen sich zusammen aus den Posten für Löhne (Bedienung und Unterhaltung), aus den Stoffkosten, zu denen in diesem Falle auch die Wärmekosten zu rechnen sind, und aus dem Kapitaldienst (Verzinsung und Tilgung) und sonstigen Nebenkosten. Man ist geneigt, bei den Anlagen der Elektrowärmeverwertung den Energie- oder Wärmekosten ohne weiteres die Hauptrolle zuzuweisen; was es damit für eine Bewandtnis hat, werden wir bald sehen. Selbstverständlich ist der elektrische Strom, soweit er aus Wärmekraftwerken stammt, teuerer als die dort verbrauchten Brennstoffe (Kohle, Öl, Gas), aus denen er doch mit Unkosten hergestellt wird. Der verhältnismäßig hohe Preis dieser *Edelwärme* gewinnt aber ein anderes Ansehen, wenn man bei den Elektrowärmegeräten die viel bessere Ausnutzung gegenüber den mit anderen Wärmeträgern beheizten Geräten betrachtet. Die Tab. 5, die mit groben Durchschnittswerten, etwa für mittlere Industrieverhältnisse, rechnet, läßt das erkennen.

Tabelle 5. *Einheitspreise in Dpf. für 1000 kcal.*

Wärmeträger	Industrie-gas	Steinkohle	Heizöl	Elektr. Strom
Heizwert in kcal je m³, kg, kWh	3800	7000	9500	860
Preis in Dpf. je m³, kg, kWh	7	6	18	10
Preis in Dpf. je 1000 kcal, Rohwert	2,1	0,85	1,9	11,6
Wirkungsgrad der Wärmegeräte in % . . .	40	25	35	75
Preis in Dpf. je 1000 kcal, Nutzwert . . .	5,2	3,4	5,4	15,5

Aber selbst der durch den besseren Wärmewirkungsgrad der Elektroöfen günstiger erscheinende Preis der Elektrowärme vermöchte noch nicht das Vorurteil gegen den „zu teuren Betrieb" zu entkräften, wenn nicht eine Reihe *weiterer Vorteile* der Elektrowärme hinzukämen, die, obwohl bei der einzelnen Gerätebeschreibung schon erwähnt, hier noch einmal zusammengefaßt werden mögen. Wir lassen dabei solche Verfahren ganz außer Betracht, bei denen die Stromkosten eine verschwindende Rolle spielen, einerlei mit welchem Wirkungsgrad die Elektrizität dabei in Wärme umgesetzt wird. Das ist bei einigen Schmelz- und Glühprozessen und bei der elektrischen Widerstandsschweißung der Fall, bei denen ein gleichwertiges Erzeugnis anders als durch die Elektrowärme überhaupt nicht erreicht werden kann. Selbstverständlich kann mit der Hervorkehrung dieser Vorteile niemals gemeint sein, daß die Stromkosten in der Elektrowärmeverwertung keine Rolle spielen, in vielen Fällen wird man sich bemühen müssen, sie noch weiter zu senken, sei es, daß man den Stromverbrauch am Ofen durch Verminderung der Verluste noch weiter herabzusetzen sich bemüht, sei es, daß man in der Zusammenarbeit mit den Stromversorgungsunternehmungen noch günstigere Stromtarife für Elektrowärme anstrebt.

47. Die Vorteile der Elektrowärmegeräte beziehen sich auf die Bedienung und die Arbeitsbedingungen, auf das Erzeugnis und auf die Unterhaltung.

Die *Bedienungskosten* sind gering, da die Wärme meist selbsttätig geregelt wird, vielfach, wie bei den neueren Durchlauföfen, auch die Beschickung, auch einige Schweißverfahren sind weitgehend automatisch gestaltet. Zufuhr und Lagerung von Brennstoffen fällt ganz fort, damit auch die Beseitigung von Schlacken bei festen Brennstoffen. Die Bedienung ist nicht nur einfach, sondern auch gesundheitlich einwandfrei, da Staub, Schmutz, Qualm und Abgase den Arbeitsraum nicht beeinträchtigen. Die Bedenken, die man oft von nichtelektrischer Seite der Berührungsgefahr bei der Elektrizität entgegenbringt, sind erfahrungsgemäß geringer zu bewerten als die Gefahren beim Umgang mit verpuffungsfähigen Brenngasen. Für die *Erzeugnisse* der Elektrowärmebehandlung wirkt sich die Möglichkeit der scharfen Überwachung und genauen Steuerung des Wärmevorganges (u. U. durch selbsttätige Programmsteuerung) in der gleichmäßigen und fehlerfreien Herstellung aus; Mischung, Reinigung und sonstige metallurgische Zwecke können treffsicher erzielt werden, auch die mechanischen Eigenschaften der Metalle wie Festigkeit, Dehnung, Härte, Oberflächenbeschaffenheit usw. erreicht man mit großer Sicherheit. Ein gar nicht zu überschätzender Vorteil beim elektrischen Glüh- und Schmelzvorgang liegt in dem geringen Abbrand, der durch die verhältnismäßig leicht rein zu haltende Ofenatmosphäre erreicht wird. Besonders dieser Vorteil rückt oft die Bedeutung des Strompreises in den Hintergrund, wie ein kleines Rechnungsbeispiel zeigt: Wird der Preis je Tonne Glühgut (Kupfer oder Stahlwaren) zu 1500 DM angesetzt und mit dem Elektroofen gegenüber anderen Verfahren eine Verringerung an Ausschuß und Abbrand um nur 0,5% = 7,50 DM erzielt, so bedeutet diese Ersparnis bei dem mittleren Stromverbrauch für das Glühen (rund 200···250 kWh/t) so viel, als ob man den Strompreis (mittlerer Industriepreis von 10 Dpf./kWh) um 3,75···3 Dpf. herabgesetzt hätte, was seinen Einfluß bei den Gesamtgestehungskosten noch weiter verringert. Bei der Elektroschweißung spielt die Stoffersparnis, die gegenüber anderen Verbindungs- und Fertigungsverfahren bis zu 50% erreichen kann, die größte wirtschaftliche Rolle.

Die *Unterhaltung* der meisten Elektrowärmegeräte, wie Glüh- und Trockenöfen, Widerstandsschweißmaschinen, ist leicht auszuführen, da Flammen mit stechender Hitze, Rauchabzüge u. ä. nicht vorhanden sind und die Auswechselung der Heizträger, die heutzutage eine hohe Lebensdauer erreicht haben, bequem vonstatten geht. Auch die platzsparende, leicht zugängliche Betriebsweise der meisten Elektroöfen trägt zur wirtschaftlichen Instandsetzungsmöglichkeit bei.

48. Der Wirkungsgrad der Elektrowärme. In dem Verhältnis „nützlich wirksame zur gesamt aufgewendeten Wärmemenge" ist der Gesamtaufwand bei den Elektrowärmegeräten sehr leicht festzustellen, er besteht lediglich aus elektrischer Energie, die mit Meßgeräten und Zählern hervorragend genau erfaßt werden kann. Nicht so genau und leicht kann die Nutzwärme erfaßt werden, so beim Schmelzen, Schweißen und Glühen, was ja die Hauptgebiete der industriellen Wärmeverwertung beim Eisen und Metall sind. Wohl könnte man aus Masse, Temperatur und spezifischer Wärme des Einsatzes die auf ihn zu verwendende Wärmemenge berechnen, aber nicht immer liegen diese Werte genau fest bzw. lassen sich genau feststellen. Wohl weiß man aus Erfahrung, wieviel zum Schmelzen, Glühen, Schweißen je Einheitsgewicht an Kilowattstunden verbraucht wird — solche Zahlen sind fast überall bei den einzelnen Geräten in der Beschreibung angegeben—, und man kann dann dem errechneten Nutzbedarf an Wärme einen Wirkungsgrad gegenüberstellen, womit sich die vermutliche Größe der *Wärmeverluste* herausstellt; wo diese aber stecken, wie sie sich im einzelnen unterteilen und wie sie etwa vermieden oder vermindert werden können, das bedarf der eingehenden Forschung von Bau- und Betriebsleuten.

Der *theoretische Wärmebedarf* z.B. zum Glühen von Messing ist wie folgt errechnet worden: Die spezifische Wärme für diese Legierung wurde in der Temperaturlage von 600° C zu rund 0,1 kcal/kg ermittelt, das ergibt für die Tonne Glühgut einen theoretischen Wärmebedarf von $600 \times 1000 \times 0,1 = 60000$ kcal oder, in Kilowattstunden ausgedrückt, rund 70 kWh/t. Die im praktischen Betriebe erzielten Stromverbräuche liegen zwischen 100 und 120 kW/t, so daß man auf einen Ofenwirkungsgrad von im Mittel 61% kommt. Beim Elektrodampfkessel läßt sich der Wirkungsgrad verhältnismäßig leicht und genau bestimmen, er liegt zwischen 90 und 95%. Im übrigen sind in den voraufgegangenen Beschreibungen hin und wieder Wirkungsgrade genannt worden, sie liegen im großen und ganzen bei der Elektrowärmeverwertung zwischen 50 und 90%. Eine Ausnahme davon macht die Lichtbogenschweißung mit ihrem außerordentlich geringen Wärmewirkungsgrad zwischen 10 u. 30%, Zahlen, die unter Berücksichtigung aller Leerlaufverluste noch erheblich niedriger liegen. Gerade dies Beispiel beweist, daß die Strom- und Wärmewirtschaftlichkeit von Fall zu Fall eine sehr verschiedene Rolle spielt, sonst hätte dies Schweißverfahren keine so überragende Bedeutung gewonnen.

Die *Verlustquellen* eines Elektroofens ergeben sich einmal aus den baulichen Gegebenheiten, sodann aus der Betriebsführung. Über die Wärmeverluste, welche die Speicherwärme und der Leerwert des Ofens mit sich bringen, ist im Abschnitt II B bereits einiges gesagt worden. Um sie zu verringern, müßte man das tote Gewicht des Ofens und die spezifische Wärme seiner Baustoffe herabsetzen und andererseits Isolierstoffe mit schlechtester Wärmeleitfähigkeit wählen. Nicht immer sind beide Forderungen miteinander vereinbar. Isolierpulver haben die geringste Wärmeleitzahl, sind aber nicht tragend und können nur bei selbsttragenden Heizkörpern gut ausgenutzt werden. Auch die Ofengröße ist maßgebend für die Wirtschaftlichkeit. Im allgemeinen ist der Leerwert bei großen und neuen Öfen günstiger als bei alten und kleinen (er liegt zwischen 8 und 30% des Anschlußwertes), andrerseits sind Öfen, die nicht immer räumlich voll ausgenutzt werden, weil man sie zur Erledigung einer Spitzenleistung bemessen hat, unwirtschaftlich. Auch die Betriebsführung hat starken Einfluß auf die Wärmeausnutzung. Selbstverständlich fallen im Dauerbetrieb die Wärmespeicherungsverluste nicht so ins Gewicht wie beim absatzweisen Ofenbetrieb, bei dem auch noch Verluste für kurzzeitiges Leergehen in Frage kommen. Auch die Verluste, die durch unsachgemäßes Beschicken und Entnehmen an den Öffnungen der Glüh- und Schmelzöfen entstehen, kann die Betriebsführung vermindern. Weiter kann man dadurch, daß man immer für vollen Einsatz sorgt oder etwa günstige Nachtstromtarife ausnutzt, die Wirtschaftlichkeit im Betriebe heben. Da die meisten industriellen Strompreistarife so angelegt sind, daß der mittlere Strompreis dann am geringsten ausfällt, wenn eine bestimmte Leistungshöhe möglichst lange gleichmäßig beansprucht wird, so wird man sich beim Anfahren der Öfen zu überlegen haben, ob man mit hoher Leistung kurzzeitig aufheizen oder dazu bei kleinerer Leistung längere Zeit aufwenden will. Außer den Strompreisen spielen hierbei noch Lieferzeiten und Wärmeverluste mit. Oft setzt die Dauerbelastung einer großen Ofenanlage die Gesamtstrompreise eines Unternehmens durch die höhere Benutzungsdauer herab, besonders wenn man die Ofenbelastung in die Zeiten des schwächeren Stromverbrauchs legen kann. Zu den unmittelbaren Betriebskosten der Glühöfen kommen u. U. noch die Aufwendungen für die Luftumwälzung und die Schutzgaserzeugung hinzu. Sie sind an sich schon gering und im Vergleich mit dem dadurch verbesserten Erzeugnis wirtschaftlich durchaus vertretbar. Daß ein kostspieliges Elektrowärmegerät bei langdauernder Ausnutzung und großem Ausbringen das Erzeugnis mit weniger Kapitalkosten belastet als bei kurzzeitigem, oft unterbrochenem Betrieb, ist einleuchtend. Betriebsmann, Erbauer der Elektrowärmegeräte und Elektrizitätswerke müssen bei allen diesen Fragen gebührend zu Worte kommen.

Preise für Elektrowärmegeräte und Kosten für die mit ihrer Hilfe hergestellten Erzeugnisse anzugeben, darf im Rahmen dieses Werkstattbüchleins nicht erwartet werden, desgl. keine Vergleichsrechnung mit anderen Warmbehandlungen in der Eisen- und Metallindustrie. Auch die oft gestellte Frage, bei welchen Strompreisen die Elektrowärme mit anderen Verfahren günstig in Wettbewerb treten kann, könnte hier nicht eindeutig beantwortet werden. Zu verschieden sind die Voraussetzungen für die einzelnen Kostenstellen und die Wertschätzung. Es möge die Angabe genügen, daß die Elektrowärmeverwertung wegen ihrer gesamten Vorteile unaufhaltsam im Vorrücken ist, und das besonders in mittleren u. kleineren Werkstattbetrieben.

721/42/51

(Fortsetzung 4. Umschlagseite)